STATCOM GAISHAN LONGXING FENGDIAN JIZU XINGNENG GUANJIAN JISHU

STATCOM改善笼型风电机组性能关键技术

田桂珍　温素芳　编著

中国电力出版社
CHINA ELECTRIC POWER PRESS

内 容 提 要

本书主要研究采用STATCOM提高笼型风电机组的电能质量和故障穿越能力，主要内容包括应用STATCOM改善笼型风电机组性能的机理分析，电网故障情况下笼型风电机组STATCOM的间接转矩控制、负序电压前馈控制及统一控制，不平衡故障下应用STATCOM改善笼型风电机组动态转矩的机理分析与控制策略，STATCOM/HESS平抑笼型风电机组电功率波动控制策略及高、中、低频风电功率的分解算法。电网相位和频率信号检测为控制策略的实施提供信息和依据，本书还研究了电网同步信号的检测方法。

本书可用作高等院校电气工程及其自动化、自动化及相关专业的选修课参考书，也可供研究生和专业技术人员参考和使用。

图书在版编目（CIP）数据

STATCOM改善笼型风电机组性能关键技术/田桂珍，温素芳编著．—北京：中国电力出版社，2022.9

ISBN 978-7-5198-5864-3

Ⅰ.①S… Ⅱ.①田…②温… Ⅲ.①同步补偿机－作用－风力发电机－发电机组－性能－研究 Ⅳ.①TM315

中国版本图书馆CIP数据核字（2022）第124880号

出版发行：中国电力出版社
地　　址：北京市东城区北京站西街19号（邮政编码100005）
网　　址：http://www.cepp.sgcc.com.cn
责任编辑：牛梦洁
责任校对：黄　蓓　李　楠
装帧设计：赵丽媛
责任印制：吴　迪

印　　刷：望都天宇星书刊印刷有限公司
版　　次：2022年9月第一版
印　　次：2022年9月北京第一次印刷
开　　本：787毫米×1092毫米　16开本
印　　张：7.75
字　　数：165千字
定　　价：30.00元

前 言

笼型风电机组是最早投入商业化运行的机组，由于其具有技术成熟、运行可靠、性价较高等优点，因此在实际应用中占一定比例。但其结构存在以下问题：①为了满足发电机励磁电流和转子漏磁的需要，必须从电网吸收无功功率；②发电机处于恒转速运行状态，在正常运行情况下，风的随机性、偏航误差、湍流、风剪切及塔影效应等引起公共连接点（PCC）电压的波动和闪变，有时会超出允许范围，影响电网电能质量；③当系统发生故障引起 PCC 电压突降，电机转速上升，故障清除后，发电机要恢复到故障前状态需要从电网中吸收大量的无功功率来恢复自身电压。如果没有足够的无功功率储备，发电机有可能因为超速保护或低电压动作将风电机组从电网中切除，这将对电网的稳定运行造成影响，对于弱电网，甚至会诱发电压失稳乃至电网电压崩溃。

本书共分 7 章。第 1 章主要概述国内外风力发电的发展，介绍笼型风电机组存在的问题，应用 STATCOM 改善风电场性能、STATCOM/HESS 平抑风电功率波动及风力发电系统的锁相环技术的国内外研究现状。第 2 章为 STATCOM 改善笼型风电机组性能的机理分析及仿真研究，主要理论分析 STATCOM 改善笼型风电机组电能质量和提高其低电压穿越能力的机理，并量化 SATCOM 对风电场低电压穿越能力的影响，为 STATCOM 额定容量的选取给出指导原则。第 3 章风力发电系统中电网同步信号检测方法的设计，主要研究 DSRF SPLL、MPLL SPLL、SOGINFLL SPLL 和 ROR NFLL SPLL 电网同步信号检测方法，并给出相应参数的计算方法。第 4 章电网故障情况下笼型风电机组 STATCOM 的控制策略研究，主要研究基于矢量控制的间接转矩控制策略、基于常规矢量控制的负序电压前馈控制策略、笼型风电场 STATCOM 的统一控制策略。第 5 章不平衡故障下 STATCOM 改善笼型风电机组动态转矩的机理分析与控制策略研究，主要分析电压不平衡下笼型发电机电磁转矩产生脉动的机理，研究笼型风电场 STATCOM 的正负序电压协调控制策略。第 6 章 STATCOM/HESS 平抑笼型风电机组电功率波动控制策略的研究，主要研究基于零相位低通滤波器的混合储能功率分解算法及参数优化设计和 STATCOM/HESS 平抑笼型风电机组电功率波动控制策略。第 7 章实验平台的研制及实验研究，主要包括笼型风电机组和 STATCOM 两部分实验平台的制作。

本书由内蒙古工业大学田桂珍、温素芳编著，田桂珍编写了第 2、4、5、7 章及 1.2、1.3、3.2、3.3 节并统稿，温素芳编写了第 6 章及 1.1、3.1、3.4、3.5、3.6 节。在编写过程中，还得到了内蒙古电子信息职业学院王生铁教授、内蒙古工业大学刘广忱教授的帮助，内蒙古工业大学硕士研究生段利朋、庞洋、卢栋参与了部分仿真工作，谨在此表示衷心的感谢。

本书得到国家自然科学基金、内蒙古自治区科技计划项目、内蒙古自然科学基金委资助出版。

2021 年 11 月

编者

目　录

1 概　　述

1.1 国内外风力发电的发展

1.1.1 风力发电的历史

人类利用风能的历史悠久，埃及和中国等国可能是最早利用风能的国家，埃及在公元前2000年就使用帆船和风磨，而中国在1800年前开始使用风帆航行和驱动水车灌溉。中世纪，欧洲也开始广泛利用风能，如荷兰利用水平轴风车进行灌溉。

1891年丹麦科学家P. 拉库尔科设计并建造了世界上第一台现代风力发电机组（风电机组），到20世纪30年代，小容量的风电机组技术已经比较成熟，并得到广泛应用。从20世纪30年代初开始，国外开始研制技术较复杂的大中型风电机组，其中美国、丹麦、法国、英国和德国最具代表性。但是，与大型水电和火电机组相比，大中型风电机组价格高、稳定可靠性差。20世纪60年代初，由于石油价格降低，风力发电的研究停滞下来。

1973年，全球爆发了石油危机，很多国家因为能源短缺提出了能源多样化发展战略。美国和西欧等发达国家投入大量人力、物力和财力，研制现代风电机组，风力发电进入快速发展的新时期。到20世纪90年代早期，全球已安装风力机平均容量为300kW，正在安装的新发电机组容量在1～3MW。随着各国风力发电优惠政策相继出台，从1993年以来，全球风力发电以20%～30%的速度快速增长。从20世纪70年代初到现在，风力发电容量经历了从小到大，从独立运行到并网发电，以及大规模风电场建设的过程，目前风力发电已经走向产业化发展[1,2]。

1.1.2 风力发电的现状

风力发电是可再生能源领域中最成熟、最具开发条件和商业化发展前景的发电方式之一，且可利用的风能在全球范围内分布广泛、储量巨大。同时，随着风电相关技术不断成熟、设备不断升级，全球风力发电行业得到了高速发展。根据全球风能理事会（GWEC）的统计，2011—2019年全球风力发电装机容量如图1-1所示[3]，截至2019年年底，全球风力发电累计装机容量为 651GW。从新增装机容量来看，2019 年全球风力发电新增装机容量为 60.4GW。风能作为现阶段发展最快的可再生能源之一，在全球电力生产结构中的占比正在逐年上升，拥有广阔的发展前景。根据 GWEC 的预测，未来全球将新增超过 355GW 风力发电装机容量，在 2020—2024 年间每年新增装机容量均超过 65GW。

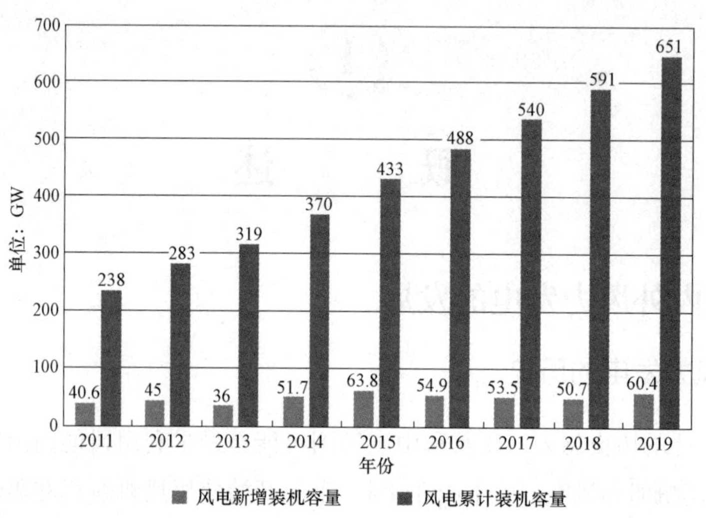

图 1-1　2011—2019 年全球风力发电装机容量

目前，全球已有 90 多个国家建设了风电项目，主要集中在亚洲、欧洲、美洲。2019 年世界各国陆地风力发电累计装机容量分布情况如图 1-2 所示。从各国分布来看，截至 2019 年年底，中国、美国、印度、西班牙和瑞典为全球陆地风力发电累计装机容量排名前五的国家，陆地风力发电累计装机容量占全球陆地风力发电装机容量的 37%、17%、6%和 4%（其中中国处于领先发展地位），合计占比为 73%。

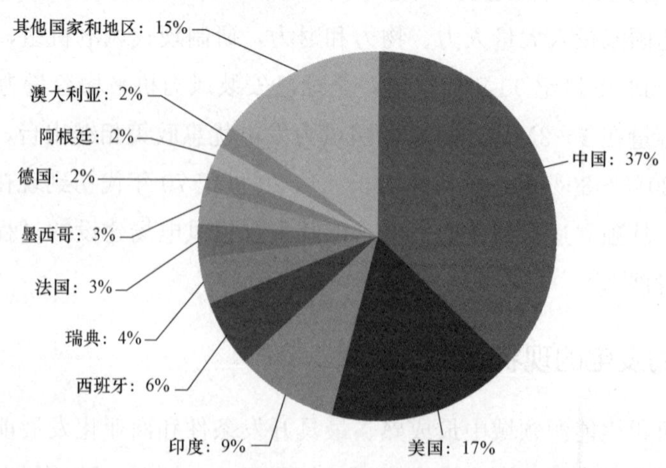

图 1-2　2019 年世界各国陆地风力发电累计装机容量分布情况

无论是累计装机容量还是新增装机容量，中国都已经成为世界规模最大的风电市场。

2011—2019 年中国风力发电装机容量如图 1-3 所示。截至 2019 年年底，全国风力发电累计装机容量为 21 亿 kW，其中陆上风力发电累计装机 2.04 亿 kW、海上风力发电累计装机 593 万 kW，风力发电装机占全部发电装机的 10.4%。从新增装机容量来看，2019 年，全国风力发电新增并网装机 2574 万 kW，其中陆上风力发电新增装机 2376 万 kW、海上风力发电新增装机 198 万 kW。

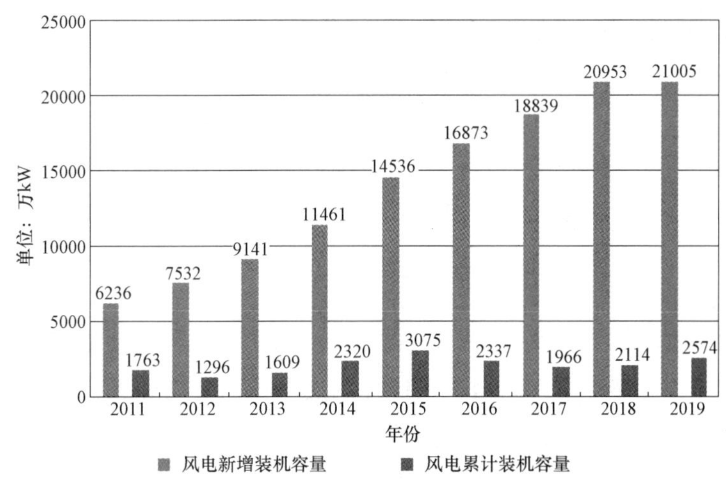

图 1-3　2011—2019 年中国风力发电装机容量

1.1.3　风力发电系统拓扑结构

按照发电机和电力电子装置的不同，现有的风力发电系统主要有以下三种拓扑结构[4-6]：

（1）恒速异步发电机风力发电系统。它主要由风轮、齿轮箱、笼型异步发电机、软起动装置、并联电容器组以及变压器等部分组成，其拓扑结构如图 1-4 所示。由于电网频率恒定，而感应电机转差变化范围小，因此在不同风速下，发电机转子转速近似不变。若采用双速发电机，则风力机可以运行在两种不同的速度下，从而提高机组的功率输出。软起动装置的作用是防止风力机切入和切出时对电网产生过大的冲击。电容器组的作用是提供无功补偿，维护电压稳定。这种风力机组一般采用定桨距控制方式，通过风轮叶片的失速特性来控制高风速时机组的功率输出。

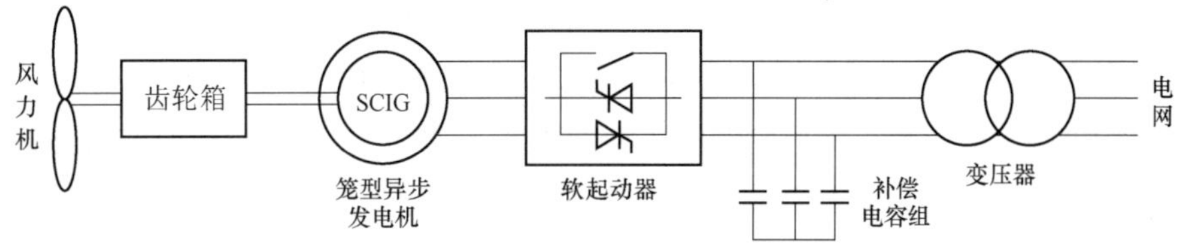

图 1-4　恒速异步发电机风力发电系统

(2) 双馈变速异步发电机风力发电系统。它由风力机、齿轮箱、双馈变速异步发电机和双向变频器组成，如图 1-5 所示。这种拓扑结构的优点包括端电压或功率因数可控、机械应力小、可实现最大功率跟踪、故障穿越能力高等。其缺点是双馈变速异步发电机仍然有滑环和电刷，必须定期检修，后期维护工作量较大，且不适合在比较恶劣的环境下运行。

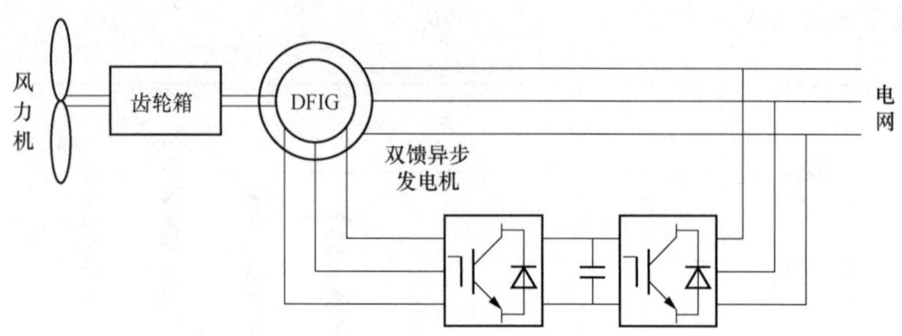

图 1-5　双馈变速异步发电机风力发电系统

(3) 直驱同步发电机风力发电系统。如图 1-6 所示，这种拓扑结构的特点是风轮与同步发电机直接连接，无需升速齿轮箱，直接控制发电机的有功和无功功率，可实现最大功率跟踪等。该风力发电系统的缺点是变换器的容量与系统的额定容量相同，变换器成本较高；而且由于直接耦合，同步发电机的转速很低，因此导致其体积庞大，造价较高。

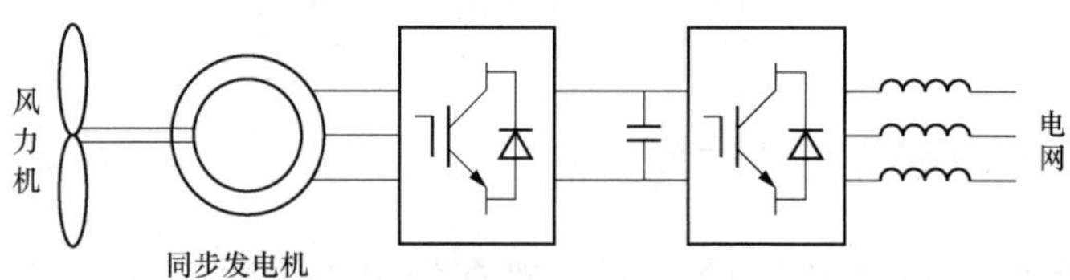

图 1-6　直驱同步发电机风力发电系统

近年来，在每年新增风电装机容量中，双馈变速风电机组的市场份额最大，直驱式永磁同步风力发电系统属于我国大型风电机组所采用的主流系统结构，但由于恒速风电机组自身的优点，仍占有一定市场[7-10]。

1.2　笼型风电机组存在的问题

笼型风电机组是最早投入商业化运行的机组，由于具有技术成熟、运行可靠、性价比较高等优点而在实际应用的风电机组中占一定比例。但其存在以下问题：

(1) 影响电网电能质量。笼型发电机典型的吸收无功功率—输出有功功率曲线如图 1-7 所示。发电机在向电网输送有功功率的同时，为了满足励磁电流和转子漏磁的需要，还必须从电网吸收无功功率；由于和电网直接相连，发电机处于恒转速运行状态，在正常运行情况下，风的随机性、偏航误差、湍流、风剪切及塔影效应等都将引起发电机输出有功功率和吸收无功功率的变化，进而引起公共连接点（PCC）电压的波动和闪变，有时会超出允许范围，影响电网电能质量[11-13]。

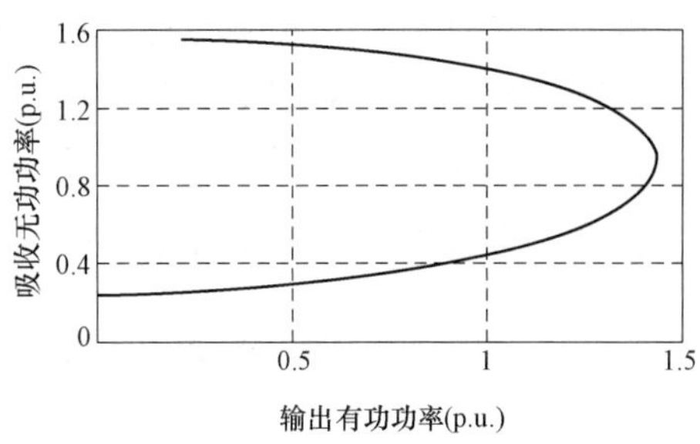

图 1-7　笼型发电机的吸收无功功率—输出有功功率曲线

（2）低电压穿越能力。笼型发电机典型的吸收无功功率—转差率曲线如图 1-8 所示。当系统发生故障引起 PCC 电压突降，使电机的电磁转矩比机械转矩低，电机转速上升，故障清除后，电机转速较高。从图 1-8 可以看出，发电机要恢复到故障前状态需要从电网中吸收大量的无功功率来恢复自身电压。如果没有足够的无功功率储备，发电机机端电压不能立即恢复到故障前的电压值，发电机的机械转矩与电磁转矩的平衡状态将被打破，其转速不断增加，直至超速保护或低电压保护动作，将风电机组从电网中切除，这将对电网的稳定运行造成影响，对于弱电网，甚至会诱发电压失稳乃至电网电压崩溃。

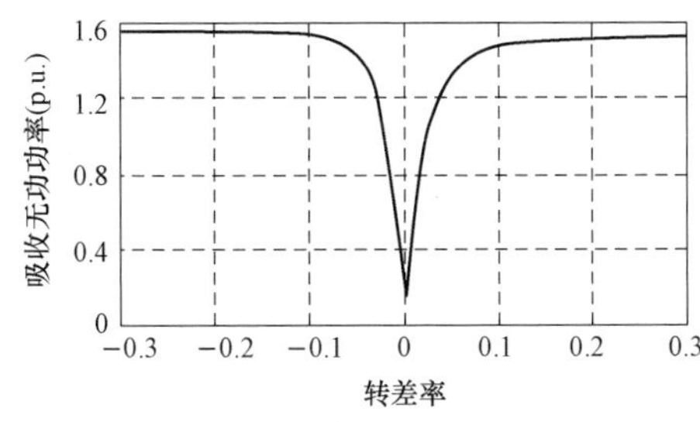

图 1-8　笼型发电机的吸收无功功率—转差率曲线

GB/T 19963—2011《风电场接入电力系统技术规定》于 2011 年正式颁布，并于 2012 年 6 月 1 日开始正式实施[14]。规定对并网风电场的电能质量和低电压穿越能力做出了严格的要求。对风电场的电能质量的规定：风电场接入电力系统后，并网点的电压正、负偏差的绝对值之和不超过额定电压的 10%，一般应为额定电压的−3%～+7%，风电场并网点的闪变满足 GB/T 12326—2008《电能质量电压波动和闪变》的要求。对风电场低电压穿越能力的要求如图 1-9 所示，风电场内的风电机组具有在并网点电压跌至额定电压的 20%时仍不脱网且能连续运行 625ms 的能力；风电场并网点电压在发生跌落后 2s 内能够恢复到额定电压的 90%时，风电场内的风电机组能够不脱网连续运行。

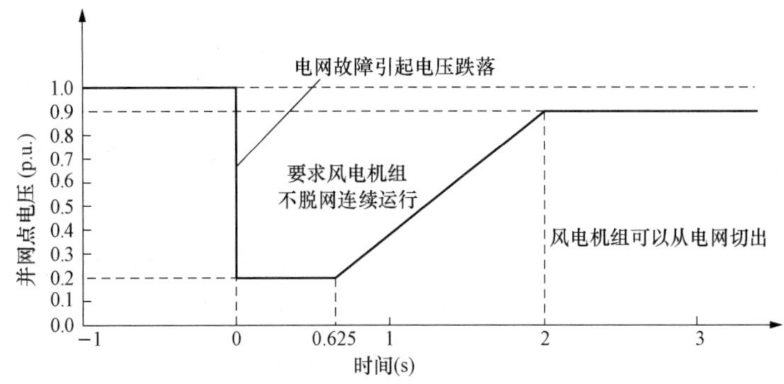

图 1-9　风电场低电压穿越能力的要求

由于目前的笼型风电机组及笼型风电场大多不具备低电压穿越能力，且电能质量较差，需通过新技术手段来满足风电接入技术标准要求。

1.3 风电场STATCOM国内外研究现状

1.3.1 STATCOM无功补偿原理

STATCOM是一种基于电压型逆变器的并联FACTS装置，将可控的无功功率注入系统，其原理如图1-10所示。STATCOM相当一个电压大小可控的电压源，单相电压为U_c，电网相电压为U_s。

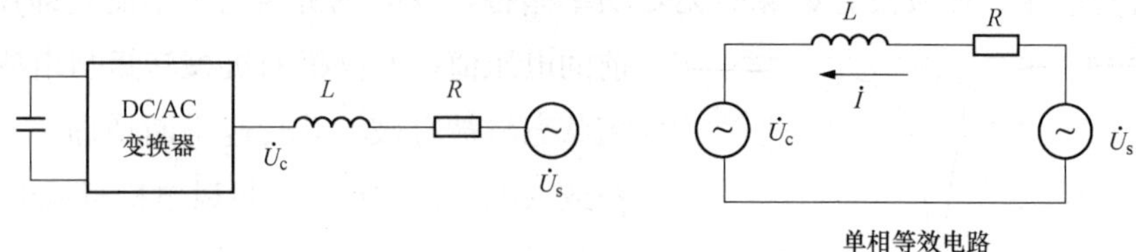

图1-10 STATCOM原理图

(1) $R=0$时，假设连接电抗器为纯电感，不考虑其损耗以及变流器损耗，即$R=0$，则STATCOM装置的电流为

$$\dot{I}=\frac{\dot{U}_s-\dot{U}_c}{j\omega L} \tag{1-1}$$

STATCOM装置吸收的无功功率为

$$Q=3\frac{U_s-U_c}{\omega L}U_s \tag{1-2}$$

由式(1-2)可以看出，当$U_c>U_s$时，$Q<0$，STATCOM向系统输出无功功率；当$U_c<U_s$时，$Q>0$，STATCOM从系统吸收无功功率；连续调节STATCOM装置输出电压U_c的大小，就可以连续快速地控制STATCOM输出或吸收无功功率，$R=0$时STATCOM相量图如图1-11所示。

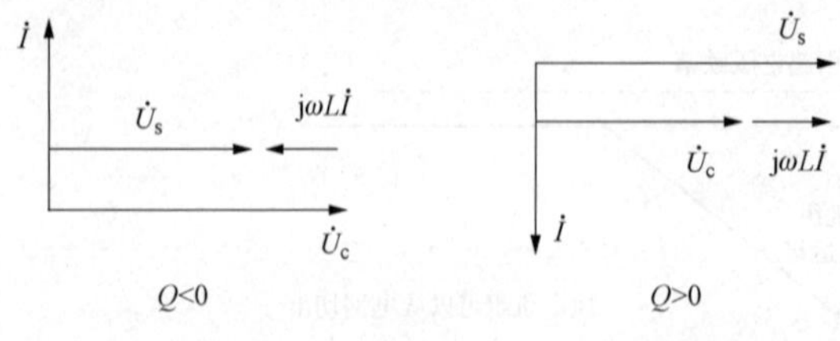

图1-11 $R=0$时STATCOM相量图

(2) $R\neq 0$时，运用KVL，可以得出

$$\dot{U}_s=\dot{I}(R+jX)+\dot{U}_c \tag{1-3}$$

定义δ为U_c和U_s的相角差，则有

$$\dot{U}_c=U_c\cos\delta+jU_c\sin\delta \tag{1-4}$$

将式(1-4)代入式(1-3)中，整理可以得到

$$\dot{I}=\frac{(U_s-U_c\cos\delta)R-XU_c\sin\delta}{R^2+X^2}-j\frac{(U_s-U_c\cos\delta)X+RU_c\sin\delta}{R^2+X^2} \tag{1-5}$$

STATCOM 输出的功率用复功率表示为

$$\widetilde{S}=\dot{U}_{s}\hat{\dot{I}}=U_{s}\frac{(U_{s}-U_{c}\cos\delta)R-XU_{c}\sin\delta}{R^{2}+X^{2}}+jU_{s}\frac{(U_{s}-U_{c}\cos\delta)X+RU_{c}\sin\delta}{R^{2}+X^{2}} \tag{1-6}$$

一般情况下，R 远小于 X，式（1 - 6）可以整理为

$$\begin{cases} P=-\dfrac{U_{s}U_{c}\sin\delta}{X} \\ Q=\dfrac{U_{s}-U_{c}\cos\delta}{X}U_{s} \end{cases} \tag{1-7}$$

通过式（1 - 7）可以看出，当 $\sin\delta>0$ 时，$P<0$，DC/AC 发出有功功率；当 $\sin\delta<0$ 时，$P>0$，DC/AC 吸收有功功率。还可以看出，调节 U_s 和 $U_c\cos\delta$ 的数值可以实现 DC/AC 输出感性或容性无功功率的目的。当 $U_s<U_c\cos\delta$ 时，$Q<0$，DC/AC 输出容性无功功率；当 $U_s>U_c\cos\delta$ 时，输出感性无功功率。改变 DC/AC 交流侧电压的大小和相位，DC/AC 输出的有功功率和无功功率也随之发生改变，从而实现功率的动态补偿。STATCOM 四象限运行模式如图 1 - 12 所示。

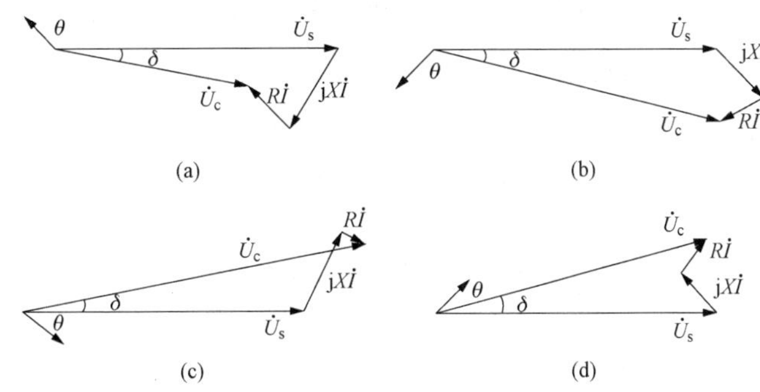

图 1 - 12　STATCOM 四象限运行模式

（a）$P<0$，$Q<0$；（b）$P>0$，$Q<0$；（c）$P<0$，$Q>0$；（d）$P>0$，$Q>0$

1.3.2　应用 STATCOM 改善风电场性能

近年来，国外针对应用 STATCOM 技术来改善风电场性能的研究较多，主要包括以下两方面内容：应用 STATCOM 连续调节无功功率来改善电能质量和利用快速提供无功补偿而提高风电场低电压穿越能力。

（1）改善电能质量。文献［15 - 30］提出采用 STATCOM 连续发出或吸收无功功率的特点来改善风电场电能质量。其中，文献［16，17］研究小型风电机组与弱电网连接，应用 STATCOM 消除由于空气动力方面（如偏航误差、湍流、风的随机性等）引起的电压波动，从而改善电能质量；文献［26 - 29］研究在渐变、随机和阵风等情况下，利用 STATCOM 改善风电场电能质量，而且能够显著提高电网的稳定性和供电可靠性；文献［30］研究利用 BESS - STATCOM 集成单元来改善电能质量，STATCOM 可快速补偿无功功率，

维持风电场的电压稳定，BESS-STATCOM 可以同时控制有功和无功功率，减少风电波动对电网的影响，使电能质量满足要求。

（2）提高故障穿越能力。文献［31-54］研究利用 STATCOM 快速提供无功补偿而提高风电场低电压穿越能力。其中，文献［31］根据发电机转矩—转差率特性曲线和系统运动方程推出故障临界清除时间和 STATCOM 额定容量的计算公式，量化了 STATCOM 对瞬态稳定范围的影响；文献［35］研究利用 STATCOM 消除因切换并联电容器组而引起的系统次同步谐振和抑制电力系统振荡，同时有效地提高风电场的瞬态稳定裕度；文献［36-38］研究如何限制电网故障清除后电压恢复过程中笼型发电机的电磁转矩过高，保护齿轮箱和传动系统；文献［42］研究采用 STATCOM 和桨距角联合控制增强风电场的低电压穿越能力；文献［46］采用 STATCOM BES 与制动电阻（BR）联合控制改善风电场的稳定裕度，增强其低压穿越能力；文献［55］比较 STATCOM 和 STATCOM＋故障电流限制器对电机组的低电压穿越能力的影响。文献［56］研究电压不平衡下正负序电压独立控制策略，在保证低电压穿越能力的基础上，剩余的 STATCOM 容量补偿负序电压，减小发电机的电磁转矩脉动。文献［57］研究在 DFIG 风电场层面配置 STATCOM 将 DFIG 风电机组的机端电压不平衡度降至其可控区，确保在不对称跌落故障较严重时能满足并网导则要求；文献［58］研究了在由自励感应发电机组成的风电场中，STATCOM 采用基于正负坐标变换的双控制器，增加了风电机组转速的阻尼，提高了风电场不平衡故障的穿越能力。

1.3.3 应用 STATCOM/HESS 平抑风电功率波动

（1）储能技术分类及特点。储能技术是通过装置或物理介质将能量储存起来以便后续需要时利用的技术。储能技术按照储存介质进行分类有很多种[59]，如图 1-13 所示。

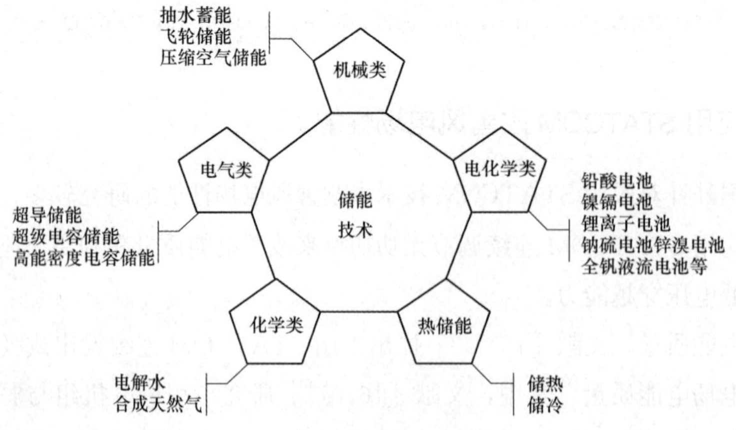

图 1-13　储能技术分类

储能技术种类繁多，特点各异，实际应用时，应根据各种储能技术的特征以及进行综合比较来选择适当的储能装置。供选择的主要特征包括能量密度、功率密度、储能效率、设备寿命或充放电次数、经济因素（投资和维护成本）以及技术成熟度等。表 1-1 列举了典型储能技术的一些主要特征参数[60,61]。

表 1-1　典型储能技术的主要特征参数

储能类型	能量密度（Wh/kg）	功率密度（W/kg）	持续放电时间	效率（%）	寿命/次	成本（$/kW/年）
铅酸电池	35～50	75～300	数小时	60～80	2×10^2～5×10^3	25
钠硫电池	150～240	90～230	数小时	80～90	<3×10^3	85
液流电池	80～130	50～140	数小时	70～80	<1.3×10^4	60
锂电池	150～200	200～315	数小时	85～95	10^3～10^4	120
超导储能	1～10	10^7～10^{12}	数秒	80～95	10^4～10^5	200
超级电容器	0.2～10	10^2～5×10^3	数秒	80～95	10^3～10^5	85
飞轮	40～230	>5×10^3	数分钟	70～80	10^4～6×10^4	40～80

从表 1-1 中不难看出，上述各种储能技术均有各自的优缺点和适用场合，单一的储能技术，对于系统能量密度、功率密度、寿命等方面不可能平抑发电机组输出功率波动的需求，比如蓄电池类储能放电持续时间长，能量密度大，成本低的优势突出，但使用寿命较短和功率密度较低，适用于对能量要求高的场合，提供稳态的功率需求。在超导、超级电容和飞轮储能技术中具有高的功率密度，适用于对功率短时间内要求比较高的场合，提供系统运行时的暂态功率支撑。目前，在储能示范工程中以电池作为主要装置，占主要储能类型项目数 50%以上，而在电池储能示范项目中，锂离子电池装机容量增长幅度最快，占比高达 48%[61]，因此可见，锂离子电池由于其效率比较高，将是今后广泛应用的电化学储能技术。功率密度大的储能设备中，超级电容由于成本较低，应用较广。

（2）STATCOM/HESS 平抑风电功率波动。混合储能（HESS）集合多种储能技术的优点，能够弥补不同储能技术的劣势，可以充分利用能量型储能和功率型储能在技术上的互补性，取得良好的应用效果[62]。

文献［63］提到采用超级电容器通过 DC/DC 并联 DC/AC 直流侧而蓄电池通过 DC/DC 并联于超级电容器的混合储能结构，通过充放电控制器的合理设计，实现了储能元件充放电全过程的精确管理，可有效控制储能系统进行快速、精确的功率吞吐，实现风电波动功率平抑的目标。文献［64］以分钟级为主尺度，秒级为次尺度，建立基于主次双时间尺度交集切割效应的联合控制目标域，并研究了考虑蓄电池和超级电容充放电状态和充放电功率限制的混合储能控制策略，平抑风电功率波动。文献［65］提到采用超级电容和全钒液流电池通过 DC/DC 并联 DC/AC 直流侧的混合储能系统改善风柴发电系统的性能。文献［66，67］提出了一种混合储能系统平抑双馈风力发电机输出功率的控制策略，蓄电池组补偿功率的低频波动，超级电容器则用于补偿功率的高频波动，经过补偿后的功率波动幅度大幅减小，功率输出能够稳定在调度期望值附近。

一般通过高、低通滤波器实现不能类型混合储能装置之间功率分配。文献［68-71］研究采用混合储能系统平抑风电功率波动，通过低通滤波器（Low Pass Filter，LPF）对混合储能进行高低频功率分配，由于LPF相位滞后造成分解的高、低频功率分辨率较差。文献［72，73］提到采用移动平均滤波算法分离功率中的低频功率和高频功率，分别分配给能量型和功率型的储能来承担。文献［74-76］提到采用小波变换的方法分解波动功率的高低频成分。文献［77，78］利用经验模态分解（Empirical Mode Decomposition，EMD）算法将风电功率分解为不同的模态，对混合储能进行功率分配，实现平抑风电波动，但EMD分解本身存在边界效应和模态混叠问题。

1.3.4　风力发电系统的锁相环技术

目前软件锁相方法面临的主要问题是：受负序分量的影响，锁相系统要取得较好的稳态精度，其中的环路滤波器的截止频率必须取得很低，这极大地影响了动态响应的速度。为了解决上述问题，文献［79］提出一种基于四个加强性单相锁相（EPLL）的三相锁相环方法，三个EPLL分别检测三相电网电压和其移相90°后的电压信号，利用对称分量法提取电压正序分量，可以消除电压不平衡的影响、具有很强的抑制谐波能力和频率自适应性，但不能抑制电压中直流偏移量的影响。文献［80，81］研究基于双同步坐标系的解耦软件锁相环，采用基于正、负序的双同步坐标系结构，实现了正、负序的解耦，从而实现对三相不平衡电网电压的锁相。文献［82-85］采用二阶广义积分法（SOGI）对电压进行相序分离，滤除负序分量让正序分量进入锁相环，实现对电压不对称跌落故障的检测的锁相环技术。文献［86］采用交叉解耦复数滤波器实现电网电压正序分量的准确估计，并通过SRF-PLL实现滤波器频率自适应功能和正序电压相位估计。文献［87，88］提出一种基于降阶谐振调节器的锁频环（ROR-FLL）技术，ROR-FLL能够快速精确地从非理想正弦电压中分离出正序、负序、谐波分量，且其实现比较灵活、简单。

2 STATCOM 改善笼型风电机组性能的机理分析及仿真研究

本章以内蒙古北方龙源辉腾锡勒风电场中 12 台笼型风电机组（Micon900）为研究对象，主要研究：

(1) 通过对包括笼型发电机、STATCOM 和电网的笼型风电场稳态等效电路分析，绘出了发电机的转矩—转差率曲线；根据运动方程和转矩—转差率曲线推导出三相短路故障临界清除时间的近似计算公式，量化了 STATCOM 对风电场低电压穿越能力的影响，为 STATCOM 额定容量的选取提出指导原则。

(2) 给出了风速、风力机和笼型发电机的数学模型及 STATCOM 的常规矢量控制策略，在 PSCAD/EMTDC 软件环境下建立包括风电场、电网和 STATCOM 的系统仿真模型。

(3) 通过对干扰风、风剪切和塔影效应及三相短路故障的仿真研究，验证了 STATCOM 不仅能减小笼型风电场的电压波动，改善电能质量，而且还可以提高其稳定裕度和低电压穿越能力。

2.1 笼型风电场的拓扑结构

为了研究 STATCOM 对笼型风电场电能质量和低电压穿越能力的影响，本节以辉腾锡勒风电场中 12 台额定容量为 0.9MW 的笼型风电机组为研究对象进行研究，系统拓扑结构如图 2-1 所示。发电机出口电压为 690V，通过升压变压器 TR1 升到 35kV，并入 35kV 母线，然后通过 TR2 升压至 110kV 以后，接入 40km 以外的卓资山变电站，风电机组和变压器参数见表 2-1。每台风电机组出口处安装容量为 0.275Mvar 无功补偿电容器组。35kV 母线处并联一台 STATCOM，提供动态无功补偿，维持 PCC 电压稳定，改善风电场电能质量和提高其低电压穿越能力。

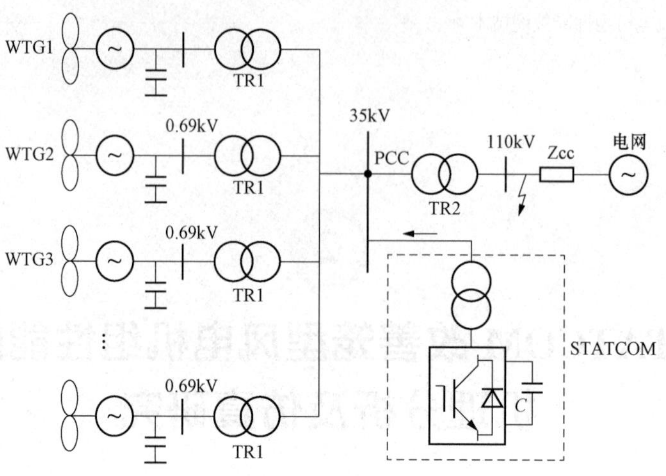

图 2-1　笼型风电场的拓扑结构

表 2-1　风电机组和变压器参数

风电机组	额定容量：0.989MVA，额定功率：0.9MW。 定子电阻：0.006p.u.，定子电抗：0.1413p.u.。 转子电阻：0.0066p.u.，转子电抗：0.0463p.u.。 励磁电抗：4.1338p.u.，额定电压：690V。 发电机转动惯量 44.5kgm^2，风力机转动惯量 354.5kgm^2，发电机额定转速 1510r/min，风力机额定转速：22.4r/min，风轮直径：52.2m
变压器 TR1	额定容量：1000kVA，额定电压：0.69kV/35kV。 短路电压：6.37%
变压器 TR2	额定容量：40000/40000/20000kVA。 额定电压：（110±2×2.5%）/（38.5±2×2.5%）/10.5kV。 绕组间短路电压： 110kV～38.5kV　10.53%。 110kV～10.5kV　18.09%。 38.5kV～10.5kV　6.31%

2.2　STATCOM 改善笼型风电机组性能的机理分析

2.2.1　等效电路模型

为了研究 STATCOM 提高风电场故障穿越能力，需要建立故障清除后系统等效电路。假设系统三相短路故障清除后 STATCOM 输出最大无功电流，等效电路如图 2-2 所示。当系统发生三相短路故障后和故障清除后 PCC 电压恢复期间，STATCOM 输出最大无功电流，相当恒流源，$\dot{I}_s$代表其电流矢量，$\dot{U}_g$为电网电压矢量，R_L+jX_L为线路阻抗，X_{T2}为变压器 TR2 等效电抗；X_{T1}为 12 台变压器 TR1 等效电抗；$1/j\omega C$代表无功补偿电容器组；12 台笼型发电机等效定子和转子电阻分别为 R_s 和 R_r，等效定子、转子和励磁电抗分别为 X_s、X_r 和 X_m。

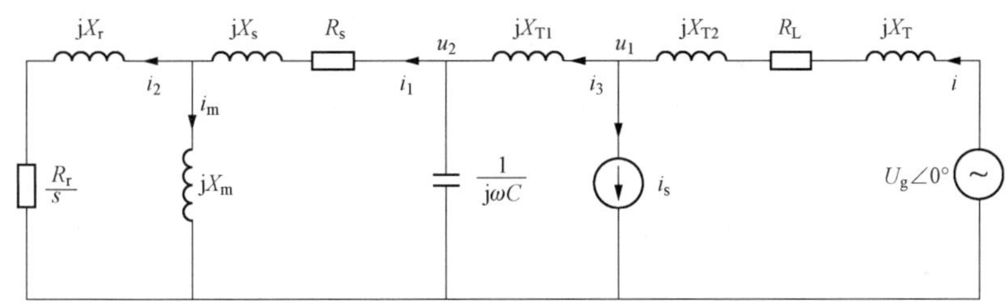

图 2-2　故障清除后系统等效电路图

2.2.2　STATCOM 容量选取对风电场性能的影响

电网电压与 STATCOM 电压的关系可以表示为

$$\dot{U}_g = \dot{U}_1 + (R_L + jX_L + jX_{T2})(\dot{I}_3 + \dot{I}_s) \tag{2-1}$$

电流 i_3可以表示为

$$\dot{I}_3 = \frac{\dot{U}_1}{Z_{eq2} + jX_{T1}} \tag{2-2}$$

式中

$$Z_{eq2}=\frac{Z_{eq1}}{j\omega c Z_{eq1}+1};\ Z_{eq1}=\frac{jX_m\left(\frac{R_r}{s}+jX_r\right)}{\frac{R_r}{s}+j(X_r+X_m)}+R_s+jX_s$$

忽略损耗，STATCOM 输出电流为纯无功电流，则电压 u_1滞后 STATCOM 电流 90°，i_s 可以表示为

$$\dot{I}_s = j\frac{\dot{U}_1}{|\dot{U}_1|}|\dot{I}_s| \tag{2-3}$$

由式（2-1）～式（2-3）可以得出

$$\dot{U}_g = \dot{U}_1\left[1 + \frac{R_L + j(X_{T2} + X_L)}{Z_{eq2} + jX_{T2}} + j\frac{R_L + j(X_{T2} + X_L)}{|\dot{U}_1|}|\dot{I}_s|\right] \tag{2-4}$$

设 $\frac{R_L+j(X_{T2}+X_L)}{Z_{eq2}+jX_{T2}}=a_1+jb_1$，$j[R_L+j(X_{T2}+X_L)]|\dot{I}_S|=a_2+jb_2$，$\dot{U}_1=a+jb$，代入式（2-4），有

$$\begin{aligned}\dot{U}_g =& a(1+a_1)+\frac{aa_2}{\sqrt{a^2+b^2}}-bb_1-\frac{bb_2}{\sqrt{a^2+b^2}}\\&+j\left[b(1+a_1)+\frac{ba_2}{\sqrt{a^2+b^2}}+ab_1+\frac{ab_2}{\sqrt{a^2+b^2}}\right]\end{aligned} \tag{2-5}$$

则有方程组

$$\begin{cases} a(1+a_1)+\dfrac{aa_2}{\sqrt{a^2+b^2}}-bb_1-\dfrac{bb_2}{\sqrt{a^2+b^2}}=U_g \\ b(1+a_1)+\dfrac{ba_2}{\sqrt{a^2+b^2}}+ab_1+\dfrac{ab_2}{\sqrt{a^2+b^2}}=0 \end{cases} \tag{2-6}$$

给定 STATCOM 电流和发电机转差率的情况下解方程组，可以解出 a 和 b，从而求出电压 u_1。相应地可以求出发电机定子电流，则每相转子电流和电磁转矩为

$$\dot{I}_2=\frac{\dot{U}_1}{z_{eq2}+jX_{T1}}\times\frac{Z_{eq2}}{Z_{eq1}}\times\frac{jX_m}{\dfrac{R_r}{s}+j(X_r+X_m)} \tag{2-7}$$

$$T_e=\frac{R_r}{12s}\times|\dot{I}_2|^2 \tag{2-8}$$

对于给定不同容量的 STATCOM，根据式（2-8）可以绘出发电机相应的转矩—转差率曲线，如图 2-3 所示。

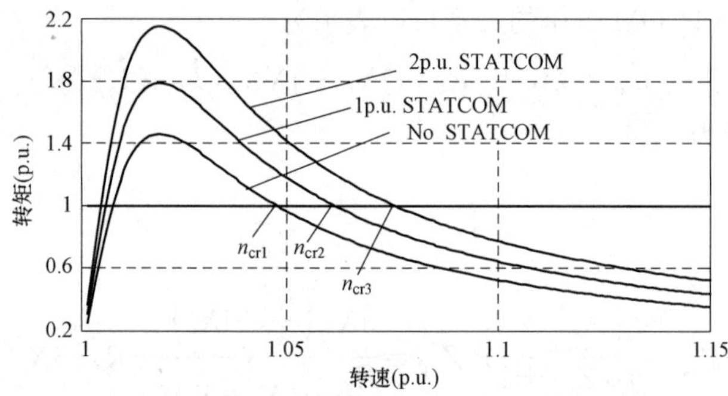

图 2-3　STATCOM 不同容量转矩－转速曲线

系统机械运动方程为

$$2H\frac{dn}{dt}=T_m-T_e \tag{2-9}$$

式中：H 为惯性时间常数；T_m 为机械转矩；T_e 为发电机电磁转矩。

三相短路故障期间，电压接近零，假设发电机电磁转矩为零，则加速度转矩为机械转矩，根据运动方程、发电机的临界转速和初始转速可以推出故障临界清除时间 t_{CCT} 为

$$t_{CCT}\approx 2H\frac{n_{cr}-n_{in}}{T_m} \tag{2-10}$$

式中：n_{cr} 为临界转速；n_{in} 为初始转速。

在系统发生故障前，STATCOM 控制作用使 PCC 电压维持为 1p. u.，根据等效电路确定发电机的初始运行状态，就可以求出初始转速 n_{in}；临界转速 n_{cr} 为机械转矩与转矩—转差率曲线的交点。由图 2-3 和式（2-10）可以看出，如果要保持故障清除后系统稳定，那么故障清除时发电机的转速必须小于临界转速；STATCOM 容量越大，临界转速 n_{cr} 越高，故

障临界清除时间 t_{CCT} 越长，系统稳定裕度和低电压穿越能力越强。故障清除后，STATCOM 保持最大可能无功补偿能力，直到 PCC 电压恢复，发电机转速近似沿转矩－转差率曲线减速，这导致发电机最大电磁转矩较大，为了限制传动装置承受的机械应力，保护传动装置，在保证系统稳定的前提下，选择最小的 STATCOM 容量最有利。

2.3 笼型风电机组的数学建模

2.3.1 风速模型

风是风电机组的原动力，自然风是复杂的、时变的，风的特性决定了风电机组的输出特性。为了精确描述风速的随机性和间歇性的特点，将自然风简化为基本风、阵风、渐变风和随机干扰风四种典型的风速模型。

（1）基本风。基本风基本上反映了风电场平均风速的变化情况，一般可以由风电场测风所得的数据近似确定，基本风速用 V_{Wb} 表示。

（2）阵风。阵风一般描述风速变化过程中风速的突然变化特性，其数学表达式为

$$V_{Wg}=\begin{cases}\dfrac{A_g}{2}\left[1-\cos\left(2\pi\dfrac{t-T_{g1}}{T_{g2}-T_{g1}}\right)\right] & (T_{g1}\leqslant t\leqslant T_{g2})\\ 0 & (t>T_{g1}\text{ 或 }t<T_{g2})\end{cases} \tag{2-11}$$

式中：A_g 为阵风最大值；T_{g1} 为阵风开始时间；T_{g2} 为阵风终止时间；t 为时间。

（3）渐变风。渐变风一般描述风速的渐变特性，其数学表达式为

$$V_{Wr}=\begin{cases}A_r & T_{r2}<t\leqslant T_{r2}+T_r\\ A_r\left(1-\dfrac{t-T_{r2}}{T_{r2}-T_{r1}}\right) & T_{r1}\leqslant t\leqslant T_{r2}\\ 0 & t<T_{r1}\text{ 或 }t>T_{r2}+T_r\end{cases} \tag{2-12}$$

式中：A_r 为阵风最大值；T_{r1} 为渐变风开始时间；T_{r2} 为渐变风上升终止时间；T_r 为渐变风保持时间。

（4）随机干扰风。随机干扰风反映风速变化的随机特性，可用随机噪声风速成分来表示为

$$\begin{cases}V_{Wn}=2\sum\limits_{i=1}^{n}[S_V(\omega_i)\Delta\omega]^{1/2}\cos(\omega_i+\varphi_i)\\ S_V(\omega_i)=\dfrac{2K_nF^2\mid\omega_i\mid}{\pi^2[1+(F\omega_i/\mu\pi)^2]^{4/3}}\\ \omega_i=(i-1/2)\Delta\omega\end{cases} \tag{2-13}$$

式中：n 为统计风速总数；φ_i 为 0～2π 内的随机角；$\Delta\omega$ 为风速频率间距；K_n 为地表粗糙系数；F 为扰动范围；μ 相对高度的平均风速；$S_V(\omega_i)$ 为风速随机分量分布密度。

自然风被简化为由上述四种风速成分组成，实际作用在风力机上的风速为

$$V_W=V_{Wb}+V_{Wg}+V_{Wr}+V_{Wn} \tag{2-14}$$

2.3.2 风力机模型

(1) 风力机的功率特性。根据空气动力学相关理论，风力机输出的机械功率 P 可表示为[12,92]

$$P = \frac{1}{2}C_{P}\rho AV^{3} \tag{2-15}$$

式中：P 为风力机输出功率；C_P 为风能利用系数；ρ 为空气密度；A 为风轮扫掠面积；V 为风速。

风能利用系数 C_P 定义为单位时间之内风轮所捕获的风能与通过风轮扫掠面的全部风能之比，最大风能利用系数为 0.593，此值称为贝茨系数，它说明，当风通过风力机叶片时，风力机并不能吸收风全部能量，风叶的尾流中仍保留了部分空气的动能。风力机的实际风能利用系数小于 0.593。$C_P(\lambda,\beta)$ 是叶尖速比 λ 和桨矩角 β 的函数。风轮叶尖速比 λ 是风轮叶片的叶尖圆周速度与风速之比，可表示为

$$\lambda = \frac{\omega R}{V} \tag{2-16}$$

式中：ω 为风轮旋转角频率；R 为风轮半径。

在定桨距风力机中，风能利用系数 C_P 是叶尖速比 λ 的函数。其典型的风能利用系数 C_P 与叶尖速比 λ 关系曲线如图 2-4 所示。由图可以看出，当 $\lambda=\lambda_{opt}$ 时，C_P 值最大，此时风力机转换效率最高，一般称 λ_{opt} 为最佳叶尖速比和 C_{Pmax} 为最大风能利用系数。

风力机输出功率—转速关系曲线如图 2-5 所示。不同风速下风力机输出功率随风力机转速变化而变化，在给定风速下，输出功率决定于风能利用系数和风力机转速，而且存在一个最大输出功率点，对应于最大的风能利用系数 C_{Pmax}。

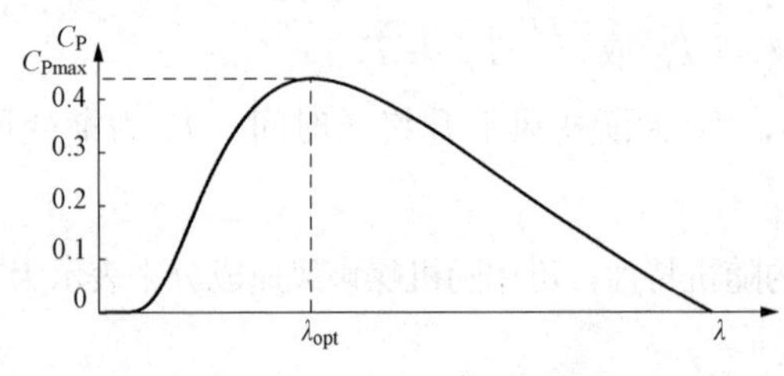

图 2-4 C_P 与 λ 的关系曲线

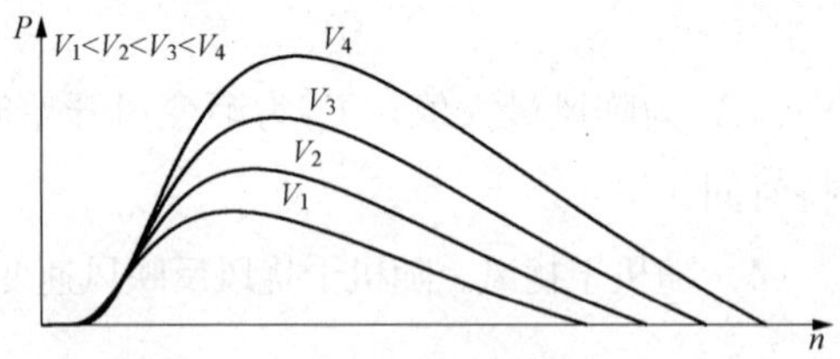

图 2-5 风力机输出功率—转速关系曲线

(2) 风力机的转矩特性。风力机输出机械转矩为

$$T = \frac{P}{\omega} = \frac{1}{2}C_{T}\rho ARV^{2} \tag{2-17}$$

式中：C_T 为转矩系数，$C_T=C_P/\lambda$ 是叶尖速比 λ 的函数，$C_T=C_P/\lambda$ 与风力机结构和运行状态相关。

不同风速下的风力机转矩—转速关系曲线如图 2-6 所示。最大转矩右侧曲线斜率为负，随着转速的增加转矩减小，为风力机稳定运行区域。

(3) 风力机的运行特性。失速型定桨距风电机组输出功率与风速关系曲线如图 2 - 7 所示。风速大于切入风速 V_{in}时，风力机启动；风速大于切入风速而小于额定风速时，输出功率随风速升高而增大，风速接近额定点时，风能利用系数开始下降，功率上升趋势变缓；而过了额定点后，桨叶已开始失速，随着风速升高，输出功率反而有所下降；风速大于切出风速 V_{out}后，风力机切出，输出功率为零。

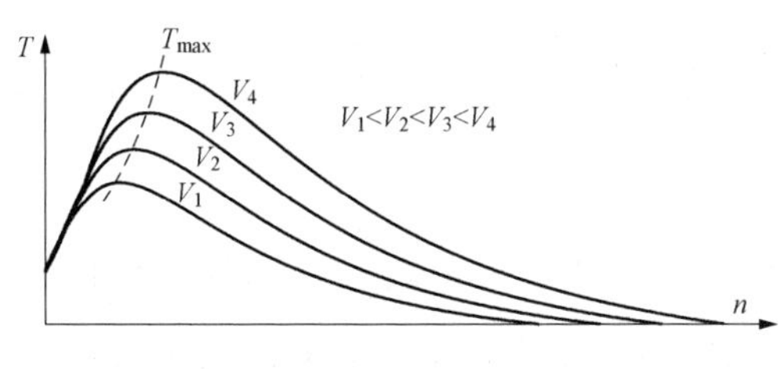

图 2 - 6　风力机转矩—转速关系曲线

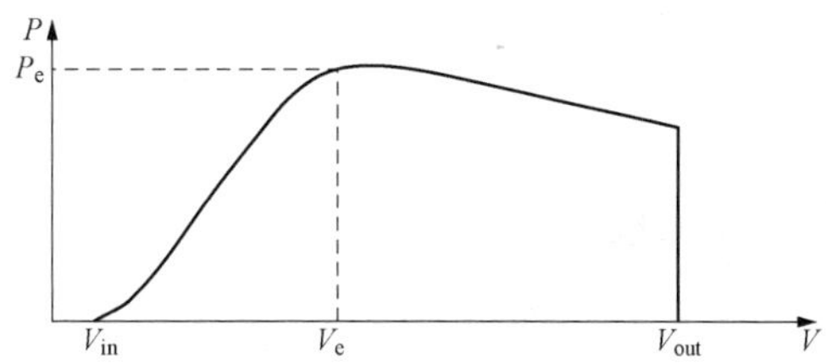

图 2 - 7　风力机功率与风速关系曲线

2.3.3　发电机模型

(1) 三相静止坐标系下的数学模型。为了便于分析，做如下假设：忽略空间谐波、磁路饱和铁芯饱和，不考虑频率和温度变化对绕组电阻的影响，则笼型异步发电机数学模型由以下的电压、磁链和转矩方程组成。

电压方程为

$$\begin{bmatrix} u_A \\ u_B \\ u_C \\ 0 \\ 0 \\ 0 \end{bmatrix} = \begin{bmatrix} R_s & 0 & 0 & 0 & 0 & 0 \\ 0 & R_s & 0 & 0 & 0 & 0 \\ 0 & 0 & R_s & 0 & 0 & 0 \\ 0 & 0 & 0 & R_r & 0 & 0 \\ 0 & 0 & 0 & 0 & R_r & 0 \\ 0 & 0 & 0 & 0 & 0 & R_r \end{bmatrix} \begin{bmatrix} i_A \\ i_B \\ i_C \\ i_a \\ i_b \\ i_c \end{bmatrix} + \frac{d}{dt} \begin{bmatrix} \psi_A \\ \psi_B \\ \psi_C \\ \psi_a \\ \psi_b \\ \psi_c \end{bmatrix} \tag{2-18}$$

式中：u_A、u_B、u_C 分别为定子各相电压；i_A、i_B、i_C、i_a、i_b、i_c 分别为定子和转子各相电流；ψ_A、ψ_B、ψ_C、ψ_a、ψ_b、ψ_c 分别为各相绕组的各全磁链；R_s、R_r 分别为定子和转子绕组电阻。

磁链方程为

$$\begin{bmatrix} \boldsymbol{\psi}_s \\ \boldsymbol{\psi}_r \end{bmatrix} = \begin{bmatrix} \boldsymbol{L}_{ss} & \boldsymbol{L}_{sr} \\ \boldsymbol{L}_{rs} & \boldsymbol{L}_{rr} \end{bmatrix} \begin{bmatrix} \boldsymbol{i}_s \\ \boldsymbol{i}_r \end{bmatrix} \tag{2-19}$$

其中，$\boldsymbol{\psi}_s = [\psi_A \quad \psi_B \quad \psi_C]^T$；$\boldsymbol{\psi}_r = [\psi_a \quad \psi_b \quad \psi_c]^T$；$\boldsymbol{i}_r = [i_a \quad i_b \quad i_c]^T$；$\boldsymbol{i}_s = [i_A \quad i_B \quad i_C]^T$；

$$\boldsymbol{L}_{ss} = \begin{bmatrix} L_{m1}+L_{l1} & -L_{m1}/2 & -L_{m1}/2 \\ -L_{m1}/2 & L_{m1}+L_{l1} & -L_{m1}/2 \\ -L_{m1}/2 & -L_{m1}/2 & L_{m1}+L_{l1} \end{bmatrix};\ \boldsymbol{L}_{rr} = \begin{bmatrix} L_{m2}+L_{l2} & -L_{m2}/2 & -L_{m2}/2 \\ -L_{m2}/2 & L_{m2}+L_{l2} & -L_{m2}/2 \\ -L_{m2}/2 & -L_{m2}/2 & L_{m2}+L_{l2} \end{bmatrix};$$

$$
\boldsymbol{L}_{rs}=\boldsymbol{L}_{sr}^{T}=\boldsymbol{L}_{m1}\begin{bmatrix}\cos\theta & \cos(\theta-120°) & \cos(\theta+120°)\\ \cos(\theta+120°) & \cos\theta & \cos(\theta-120°)\\ \cos(\theta-120°) & \cos(\theta+120°) & \cos\theta\end{bmatrix}
$$

式中：L_{m1} 为与定子绕组交链的最大互感磁通对应电感；L_{m2} 为与转子绕组交链的最大互感磁通对应电感；L_{l1} 为定子漏感；L_{l2} 为定子漏感；θ 为转子位置角。

转矩方程为

$$
T_{e}=\frac{1}{2}n_{p}\left[\boldsymbol{i}_{s}^{T}\frac{\partial\boldsymbol{L}_{rs}}{\partial\theta}\boldsymbol{i}_{s}+\boldsymbol{i}_{r}^{T}\frac{\partial\boldsymbol{L}_{sr}}{\partial\theta}\boldsymbol{i}_{r}\right] \tag{2-20}
$$

式中：n_{p}为极对数。

(2) 旋转坐标系下的数学模型。由以上方程可以看出，发电机在三相静止坐标系下的数学模型是一组非线性、时变系数的微分方程组，对其求解和分析都比较困难，通常通过坐标变换使之简化。笼型异步发电机在 dq 旋转坐标系中按转子磁场定向的数学模型为：

电压方程为

$$
\begin{bmatrix}u_{ds}\\ u_{qs}\\ 0\\ 0\end{bmatrix}=\begin{bmatrix}R_{s}+L_{s}p & -\omega_{1}L_{s} & L_{m}p & -\omega_{1}L_{m}\\ \omega_{1}L_{s} & R_{s}+L_{s}p & \omega_{1}L_{m} & L_{m}p\\ L_{m}p & 0 & R_{r}+L_{r}p & 0\\ \omega_{s}L_{m} & 0 & \omega_{s}L_{r} & R_{r}\end{bmatrix}\begin{bmatrix}i_{ds}\\ i_{qs}\\ i_{dr}\\ i_{qr}\end{bmatrix} \tag{2-21}
$$

式中：L_{m}为定转子互感；L_{s}为定子自感；L_{r}为转子自感；ω_{s}为转差；ω_{1} 为同步角速度。

磁链方程为

$$
\psi_{2}=\frac{L_{m}}{(L_{r}/R_{r})p+1}i_{ds} \tag{2-22}
$$

转矩方程为

$$
T_{e}=n_{p}\frac{L_{m}}{L_{r}}i_{qs}\psi_{2} \tag{2-23}
$$

2.4 STATCOM的数学模型及控制策略

2.4.1 数学模型

STATCOM 接入电力系统的等效电路如图 2-8 所示。图中 i、u_{c}和 u_{s}为 STATCOM 输出的电流、电压和 PCC 电压；R 为 STATCOM 装置中的所有损耗（包括逆变器本身和变压器的损耗）的等效电阻；L 为 STATCOM 总的等效电感；C 为 STATCOM 直流侧电容。在建模前，做如下假设：①只考虑 STATCOM 输出电压的基波分量而忽略谐波分量；②STATCOM 输出电压与直流侧电容电压成正比；③只考虑 PCC 电压为三相平衡情况。

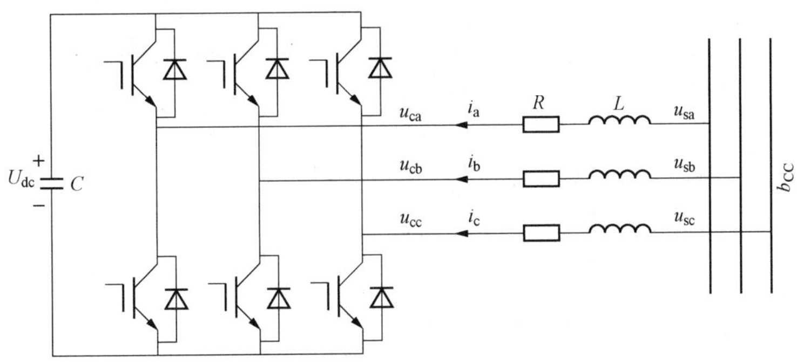

图 2-8　STATCOM 等效电路

根据 STATCOM 等效电路，可以列出 STATCOM 的 A、B、C 三相数学方程为

$$L\frac{\mathrm{d}}{\mathrm{d}t}\begin{bmatrix}i_a\\i_b\\i_c\end{bmatrix}=\begin{bmatrix}u_{sa}\\u_{sb}\\u_{sc}\end{bmatrix}-\begin{bmatrix}u_{ca}\\u_{cb}\\u_{cc}\end{bmatrix}-R\begin{bmatrix}i_a\\i_b\\i_c\end{bmatrix} \tag{2-24}$$

直流侧电容电压的方程可以由能量关系得到

$$\frac{\mathrm{d}}{\mathrm{d}t}\left(\frac{1}{2}CU_{dc}^2\right)=u_{ca}i_a+u_{cb}i_b+u_{cc}i_c \tag{2-25}$$

由式（2-24）和式（2-25）可以看出，STATCOM 数学模型是一组时变系数的微分方程组，在理论分析上比较困难，对式（2-25）进行 Clark 和 Park 变换，其变换矩阵为

$$T_{3s/2r}=\frac{2}{3}\begin{bmatrix}\sin\omega t & \sin\left(\omega t-\frac{2\pi}{3}\right) & \sin\left(\omega t+\frac{2\pi}{3}\right)\\ \cos\omega t & \cos\left(\omega t-\frac{2\pi}{3}\right) & \cos\left(\omega t+\frac{2\pi}{3}\right)\end{bmatrix} \tag{2-26}$$

在 dq 同步旋转坐标系下 STATCOM 的数学模型为

$$\begin{cases}\frac{\mathrm{d}}{\mathrm{d}t}\begin{bmatrix}i_d\\i_q\end{bmatrix}=\begin{bmatrix}-\frac{R}{L} & \omega\\ -\omega & -\frac{R}{L}\end{bmatrix}\begin{bmatrix}i_d\\i_q\end{bmatrix}+\frac{1}{L}\begin{bmatrix}u_{sd}-u_{cd}\\u_{sq}-u_{cq}\end{bmatrix}\\ \frac{\mathrm{d}U_{dc}}{\mathrm{d}t}=\frac{3}{2}\frac{u_d i_d+u_q i_q-(i_d^2+i_q^2)R}{CU_{dc}}\end{cases} \tag{2-27}$$

2.4.2　常规矢量控制策略

从式（2-27）可以看出，有功电流 i_d 与无功电流 i_q 之间存在交叉耦合现象，无功电流 i_q 的变化将引起有功电流 i_d 的变化；同理，有功电流 i_d 的变化也将引起无功电流 i_q 的变化。显然，STATCOM 系统是一个典型的耦合系统。

由式（2-27）可得

$$\frac{\mathrm{d}}{\mathrm{d}t}\begin{bmatrix} i_{\mathrm{d}} \\ i_{\mathrm{q}} \end{bmatrix} = \begin{bmatrix} -\dfrac{R}{L} & 0 \\ 0 & -\dfrac{R}{L} \end{bmatrix} \begin{bmatrix} i_{\mathrm{d}} \\ i_{\mathrm{q}} \end{bmatrix} + \frac{1}{L}\begin{bmatrix} u_{\mathrm{sd}} - u_{\mathrm{cd}} + \omega L i_{\mathrm{q}} \\ u_{\mathrm{sq}} - u_{\mathrm{cq}} - \omega L i_{\mathrm{d}} \end{bmatrix} \tag{2-28}$$

引入中间变量 x_1，x_2，令 $\begin{cases} x_1 = u_{\mathrm{sd}} - u_{\mathrm{cd}} + \omega L i_{\mathrm{q}} \\ x_2 = u_{\mathrm{sq}} - u_{\mathrm{cq}} - \omega L i_{\mathrm{d}} \end{cases}$

则式（2-28）变为

$$\frac{\mathrm{d}}{\mathrm{d}t}\begin{bmatrix} i_{\mathrm{d}} \\ i_{\mathrm{q}} \end{bmatrix} = \begin{bmatrix} -\dfrac{R}{L} & 0 \\ 0 & -\dfrac{R}{L} \end{bmatrix} \begin{bmatrix} i_{\mathrm{d}} \\ i_{\mathrm{q}} \end{bmatrix} + \frac{1}{L}\begin{bmatrix} x_1 \\ x_2 \end{bmatrix} \tag{2-29}$$

设计控制器如下

$$\begin{cases} X_1(s) = K_{\mathrm{p}}\left(1 + \dfrac{1}{T_{\mathrm{i}} s}\right)(i_{\mathrm{d}}^* - i_{\mathrm{d}}) \\ X_2(s) = K_{\mathrm{p}}\left(1 + \dfrac{1}{T_{\mathrm{i}} s}\right)(i_{\mathrm{q}}^* - i_{\mathrm{q}}) \end{cases} \tag{2-30}$$

式中：K_{p}、T_{i} 为 PI 调节器的参数。

由上式可见，有功电流和无功电流之间实现了解耦控制，STATCOM 控制系统框图如图 2-9 所示。

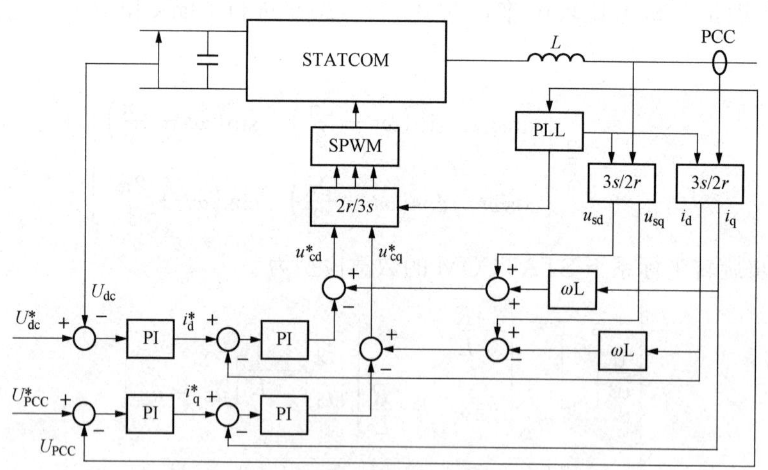

图 2-9　STATCOM 控制系统框图

风电场中 STATCOM 的主要作用是通过其连续、动态和快速地吸收和输出无功功率维持 PCC 电压恒定，有效地抑制电压波动和提高风电场低电压穿越能力。因此，STATCOM 的控制策略采用电压外环、电流内环双闭环的常规矢量控制策略，控制 PCC 电压维持其在参考电压值，控制直流侧电容电压使其为恒定值以保证 STATCOM 装置能正常工作。

2.5 STATCOM改善笼型风电机组性能的仿真研究

2.5.1 系统仿真模型

以辉腾锡勒风电场中12台额定容量为0.9MW的笼型风电机组Micon900为研究对象进行仿真研究，在PSCAD/EMTDC软件环境下建立系统仿真模型，如图2-10所示。其中，WINDFARM为风电场模型，DSRF SPLL为基于双同步参考坐标变换锁相环模型，三相短路故障通过FAULTS和Timed Fault Logic模块实现，STATCOM仿真模型如图2-11所示。风电机组和变压器参数见表2-1。

2.5.2 电能质量改善情况

（1）减小干扰风引起的电压波动。干扰风平均风速为10m/s时，仿真波形如图2-12所示。从图中可以看出，没有STATCOM进行无功补偿，PCC电压波动范围为−3.2%～0.5%；而安装STATCOM后，其输出无功功率补偿风电场所需部分无功功率，使电压波动范围减小为−0.23%～0.16%。可见STATCOM可以减小干扰风引起的电压波动，改善风电场的电能质量。

（2）减小塔影效应和风剪切引起的电压波动。由于受偏航误差、塔影效应和风剪切等因素的影响，风力机叶轮旋转一周的过程中产生的输出转矩是不稳定的，从而将造成风电机组输出功率的波动。风电机组Micon900是三叶片风电机组，一般情况下，受塔影效应影响，其输出转矩和功率以3倍的叶轮旋转频率波动，并且最大波动幅度能达到转矩平均值的20%。考虑塔影效应和风剪切影响，风力机输出转矩可表示为

$$T = T_0[1+0.1\sin(\omega_W t)+0.2\sin(3\omega_W t)] \tag{2-31}$$

式中：T_0为平均转矩；ω_W为风轮旋转角速度。

考虑塔影效应和风剪切影响时的仿真波形如图2-13所示。从图中可以看出，通过STATCOM进行快速无功调节，可降低PCC电压波动，维持其在正常水平。

2.5.3 低电压穿越能力提高情况

系统在3.0s时发生三相短路故障，PCC电压跌至0.2p.u.，0.6s后清除故障。从图2-14可以看出，故障期间，电机的电磁转矩接近零，电机输入的机械转矩使电机转速几乎线性上升；当故障清除后，没有安装STATCOM，电机转速继续上升，PCC电压低于0.78p.u.，风电场不能继续运行而脱网；安装STATCOM提供无功补偿后，STATCOM输出最大无功功率，使电机转速和PCC电压快速恢复到故障前额定值，风电场能够不脱网连续运行。可见，STATCOM可有效地改善风电场暂态电压稳定性和提高其低电压穿越能力。

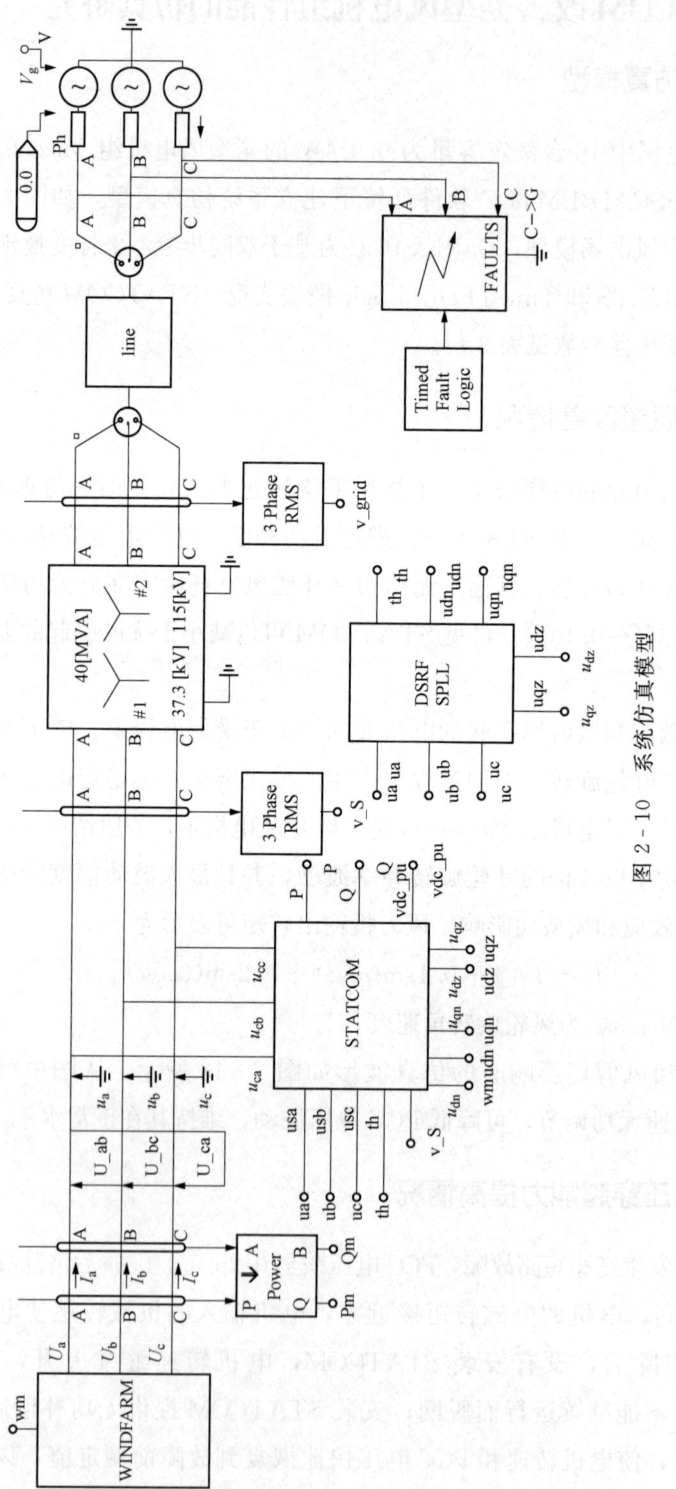
WINDFARM
wm
Power
Pm
Qm
U_ab
U_bc
U_ca
STATCOM
usa
usb
usc
th
ua
ub
uc
v_S
3 Phase
RMS
40[MVA]
37.3 [kV] 115[kV]
#1
#2
v_grid
line
Timed
Fault
Logic
FAULTS
C−G
DSRF
SPLL
uqz
udz
uqn
udn
0.0
Ph

图 2 - 10 系统仿真模型

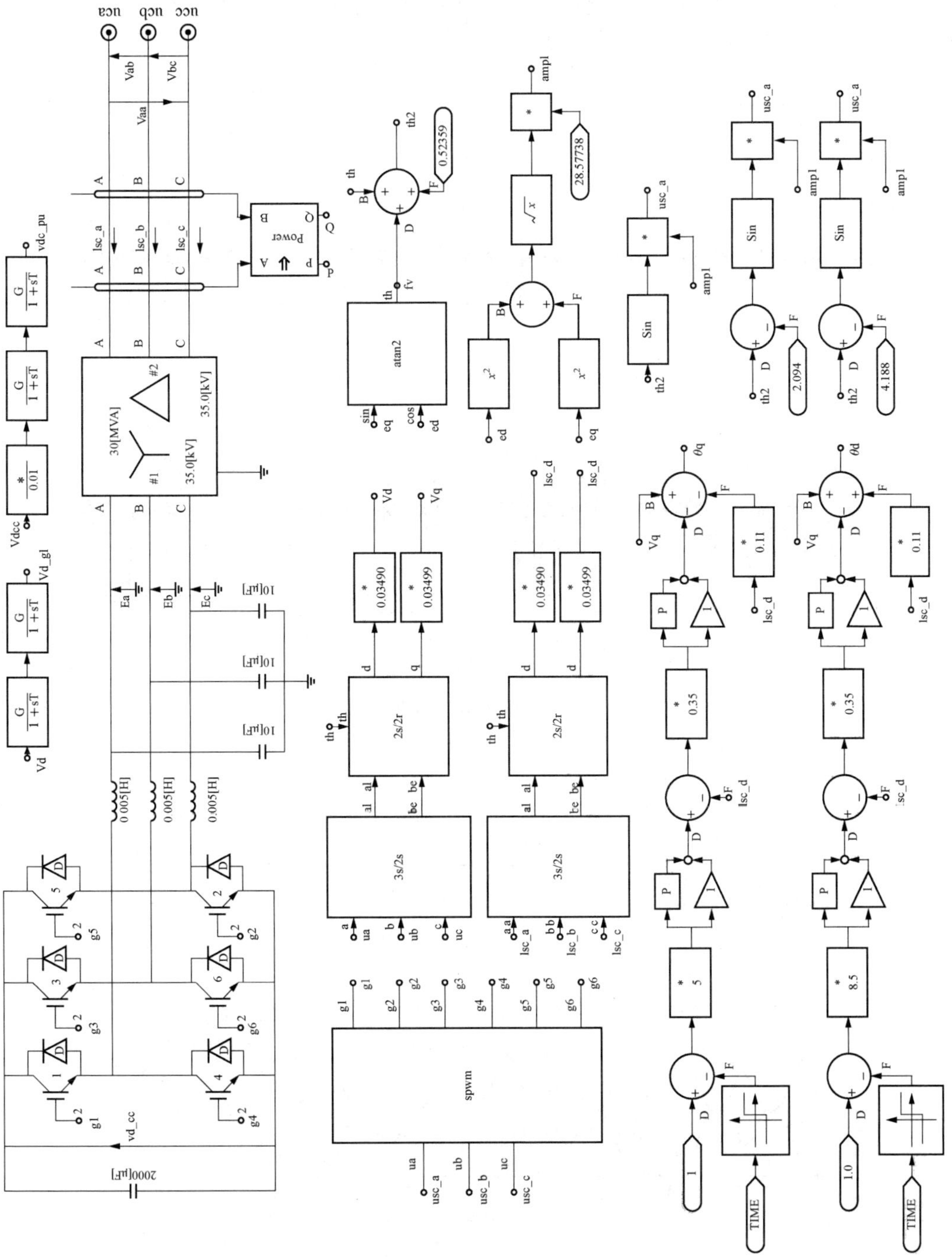

图 2-11 STATCOM仿真模型

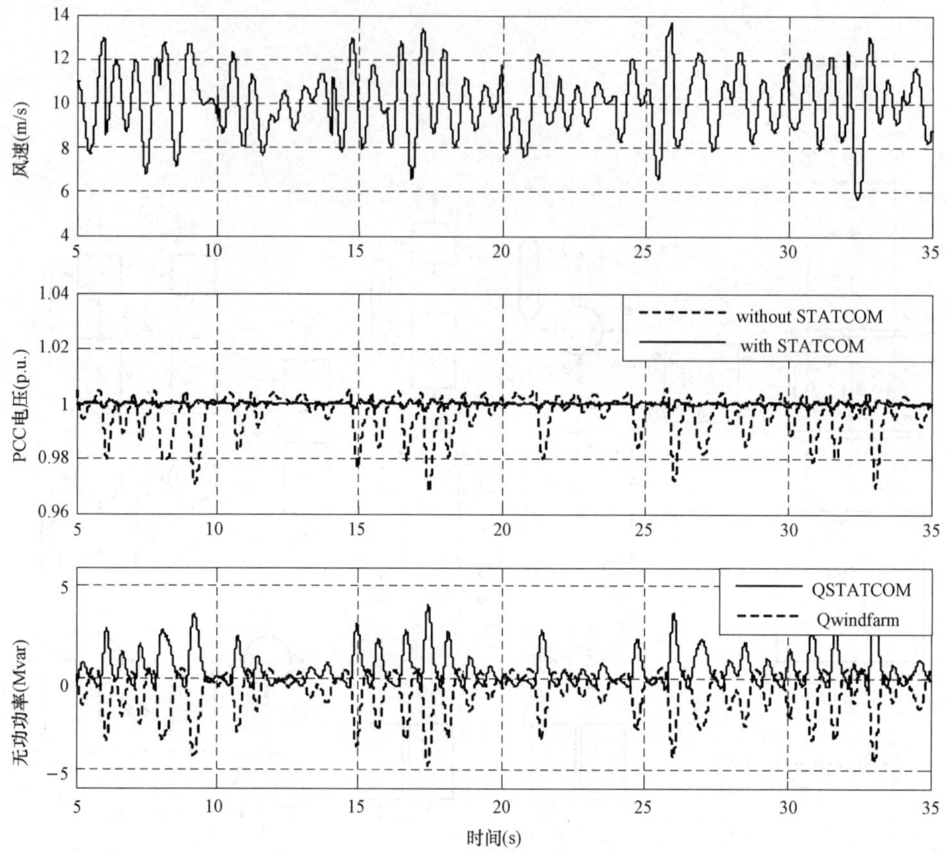

图 2-12　干扰风下的仿真波形

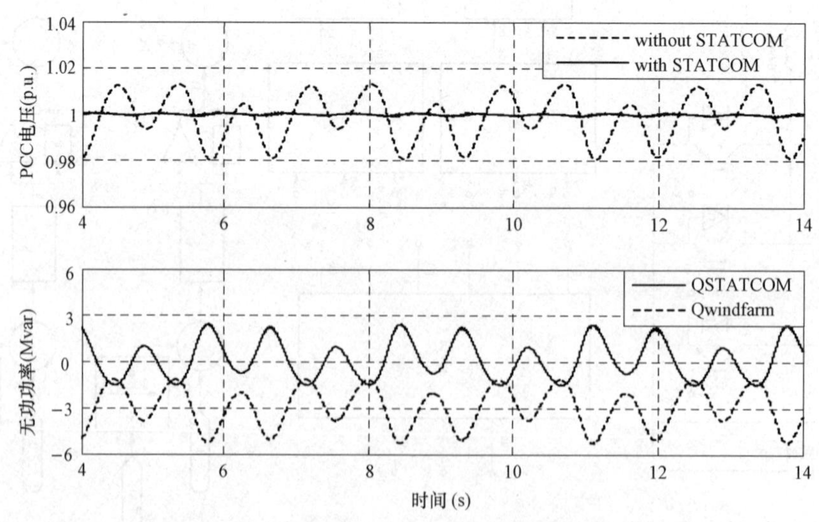

图 2-13　考虑塔影效应和风剪切影响时的仿真波形

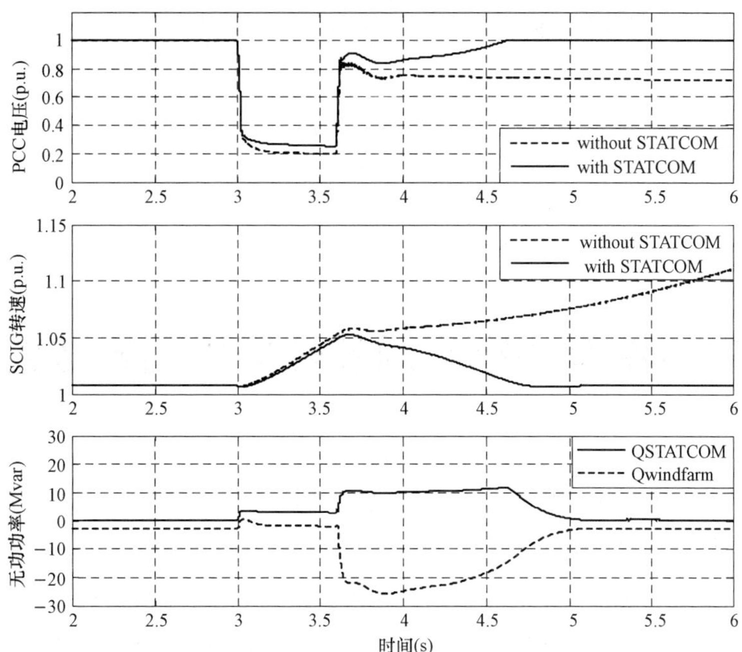

图 2-14　三相短路故障时的仿真波形

3

风力发电系统中电网同步信号检测方法的设计

为了保证风力发电系统中网侧变换器和无功补偿装置（SVC、STATCOM）在电网电压不平衡和畸变情况下安全可靠工作，必须准确而快速地检测电网电压正序基波分量的相位信号，为控制策略的实施提供必要的信息和依据。本章分析 SSRF SPLL 的工作原理，给出误差信号表达式，分析存在的问题，研究 DSRF SPLL、MPLL SPLL、SOGI NFLL SPLL 和 ROR NFLL SPLL 电网同步信号检测方法，详细介绍其工作原理，并给出了结构模型及参数设计方法。通过 PSCAD/EMTDC 软件下仿真研究和以 DSP 控制模板 SEED-DEC2812 控制器为核心的实验系统的实验研究验证了理论分析的正确性和可行性。

3.1 基于同步参考坐标变换的锁相环（SSRF SPLL）

3.1.1 基本原理

设三相系统电压为

$$\begin{bmatrix} u_{sa}(t) \\ u_{sb}(t) \\ u_{sc}(t) \end{bmatrix} = U \begin{bmatrix} \sin(\omega t) \\ \sin(\omega t - 2\pi/3) \\ \sin(\omega t + 2\pi/3) \end{bmatrix} \tag{3-1}$$

将电压信号从 ABC 三相坐标变换到 $\alpha\beta$ 坐标为

$$\begin{bmatrix} u_{s\alpha} \\ u_{s\beta} \end{bmatrix} = \frac{2}{3} \begin{bmatrix} 1 & -\frac{1}{2} & -\frac{1}{2} \\ 0 & \frac{\sqrt{3}}{2} & -\frac{\sqrt{3}}{2} \end{bmatrix} \begin{bmatrix} u_{sa}(t) \\ u_{sb}(t) \\ u_{sc}(t) \end{bmatrix} = U \begin{bmatrix} \sin(\omega t) \\ -\cos(\omega t) \end{bmatrix} \tag{3-2}$$

将式（3-2）从 $\alpha\beta$ 坐标变换到 dq 同步旋转坐标为

$$\begin{bmatrix} u_{sd} \\ u_{sq} \end{bmatrix} = \begin{bmatrix} \sin\theta & -\cos\theta \\ \cos\theta & \sin\theta \end{bmatrix} \begin{bmatrix} u_{s\alpha} \\ u_{s\beta} \end{bmatrix} = U \begin{bmatrix} \cos(\omega t - \theta) \\ \sin(\omega t - \theta) \end{bmatrix} \tag{3-3}$$

由式（3-3）可知，其 q 轴分量与锁相误差角同符号，在锁相环未锁定相位情况下，$\omega t \neq \theta$，u_{sd} 和 u_{sq} 均为交流分量；在锁定的情况下，即 $\omega t \approx \theta$，则 $u_{sd} = U$，$u_{sq} = 0$。因此只要通过

适当的控制，使 $u_{sq}=0$，即可实现 dq 坐标系与电压矢量同步达到锁相目的。

3.1.2 锁相环模型及参数计算

锁相环控制系统框图如图 3-1 所示。u_{sq}的给定信号为零，通过 PI 调节器控制其与给定信号相等，达到锁相的目的。为改善初始动态性能，加快响应速度，调节器的输出值加上初始工频角频率，经过积分环节得到锁相环输出相位值。

在相位误差较小时，u_{sq}可近似为

$$u_{sq}=U\sin(\omega t-\theta)\approx U(\omega t-\theta) \tag{3-4}$$

系统等效的结构框图如图 3-2 所示。系统开环传递函数为

$$G(s)=\frac{K_p(1+T_i s)}{T_i s^2} \tag{3-5}$$

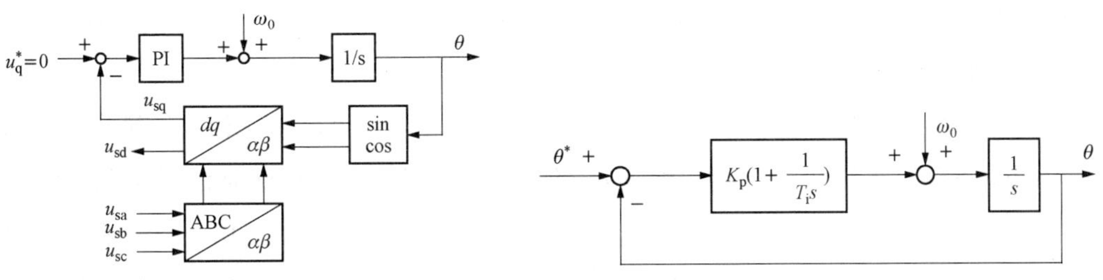

图 3-1 锁相环控制系统框图

图 3-2 等效结构框图

闭环传递函数为

$$\Phi(s)=\frac{\frac{K_p}{T_i}(1+T_i s)}{s^2+K_p s+\frac{K_p}{T_i}}=\frac{2\xi\omega_n s+\omega_n^2}{s^2+2\xi\omega_n s+\omega_n^2} \tag{3-6}$$

式中 $\omega_n=\sqrt{K_p/T_i}$；$\xi=\sqrt{K_p T_i}/2$

3.1.3 电压畸变下系统的误差分析

电压不平衡且含谐波情况下，三相电压可以表示为正序基波、负序基波、零序和谐波分量。

$$\begin{aligned}\begin{bmatrix}u_{sa}\\u_{sb}\\u_{sc}\end{bmatrix}&=U_s^P\begin{bmatrix}\sin(\omega t)\\\sin(\omega t-2\pi/3)\\\sin(\omega t+2\pi/3)\end{bmatrix}+U_s^N\begin{bmatrix}\sin(\omega t)\\\sin(\omega t+2\pi/3)\\\sin(\omega t-2\pi/3)\end{bmatrix}+U_s^0\begin{bmatrix}\sin(\omega t)\\\sin(\omega t)\\\sin(\omega t)\end{bmatrix}\\&+U_h^P\begin{bmatrix}\sin(h\omega t)\\\sin(h\omega t-2\pi/3)\\\sinh(h\omega t+2\pi/3)\end{bmatrix}+U_h^N\begin{bmatrix}\sin(h\omega t)\\\sin(h\omega t+2\pi/3)\\\sinh(h\omega t-2\pi/3)\end{bmatrix}\end{aligned} \tag{3-7}$$

式中：U_s^P、U_s^N、U_s^0、U_h^P 和 U_h^N 分别为正序基波、负序基波、零序、正序谐波和负序谐波分量的幅值。

将电压信号从 ABC 三相坐标变换到 dq 同步旋转坐标，假设误差角 $\sigma=\omega t-\theta$ 是非常小的，即 $\omega t\approx\theta$，则可将 q 轴电压表示为

$$u_{sq}=U_s^P\sigma+U_s^N\sin(2\omega t)+U_h^P\sin[(h-1)\omega t]+U_h^N\sin[(h+1)\omega t] \quad (3-8)$$

由上式可以看出，负序基波分量引起误差信号的频率为基波频率的两倍，谐波分量引起的误差信号的频率为（$h\pm1$）倍的基波频率。当三相电压只含高次谐波时，通过降低环路滤波器的截止频率，就可以抑制谐波的影响；但当电网电压不平衡时，受负序电压的影响，锁相环要取得较好的锁相效果，则环路滤波器的截止频率必须降得很低，严重影响系统的动态响应速度。

3.1.4 SSRF SPLL仿真结果

为了验证上述理论分析的正确性，在PSCAD/EMTDC软件环境下建立仿真模型，进行仿真研究。

仿真中，取$\xi=0.707$，$t_s=0.03$s，由式（3-6）可得$\omega_n=247.5$，则$T_i=0.0057$，$K_P=350$。仿真波形如图3-3所示。

根据仿真结果可得出如下结论：①从图3-3（a）可以看出，在三相电压平衡且不含谐波时，SSRF SPLL可以快速、准确地锁定相位；②三相电压不平衡时仿真波形如图3-3（b）所示，其中，$u_{sa}=0.6$p.u.，$u_{sb}=1.0$p.u.，$u_{sc}=0.4$p.u.，在三相电压不平衡的情况下，由于负序电压分量经过dq变换后，使u_{sq}含有二次谐波分量，引起输出相位波形发生畸变，不能正确锁定相位；③在$t=0.2$s时，三相电压频率由50Hz突变47Hz，图3-3（c）表明，经过一个周波，锁相环快速、准确地重新锁定相位；④图3-3（d）为三相电压中C相单相接地情况的仿真波形，输出相位波形发生畸变，不能正确锁定相位；⑤图3-3（e）为三相电压含负序5次谐波情况的仿真波形，锁相环对谐波有一定的抑制作用，如果降低系统带宽，锁相效果会更理想。

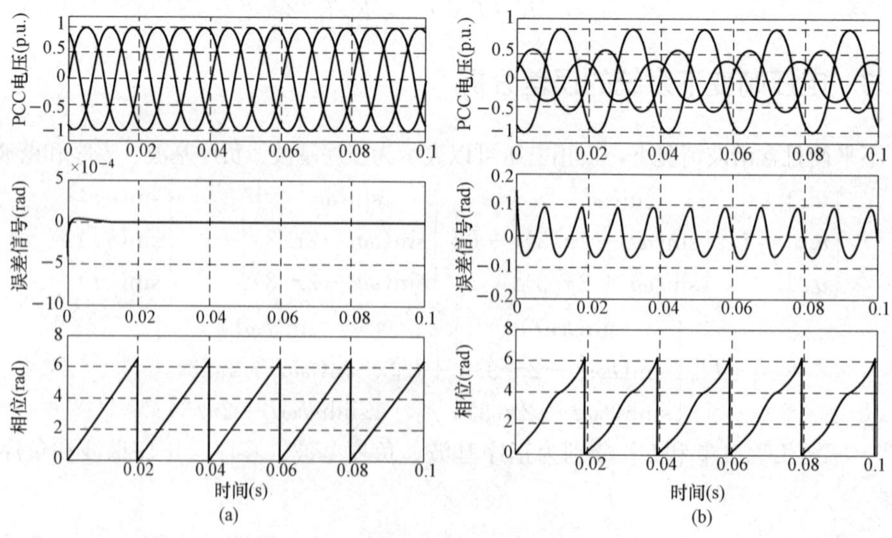

图3-3　SSRF SPLL仿真波形（一）

（a）电压平衡；（b）电压不平衡

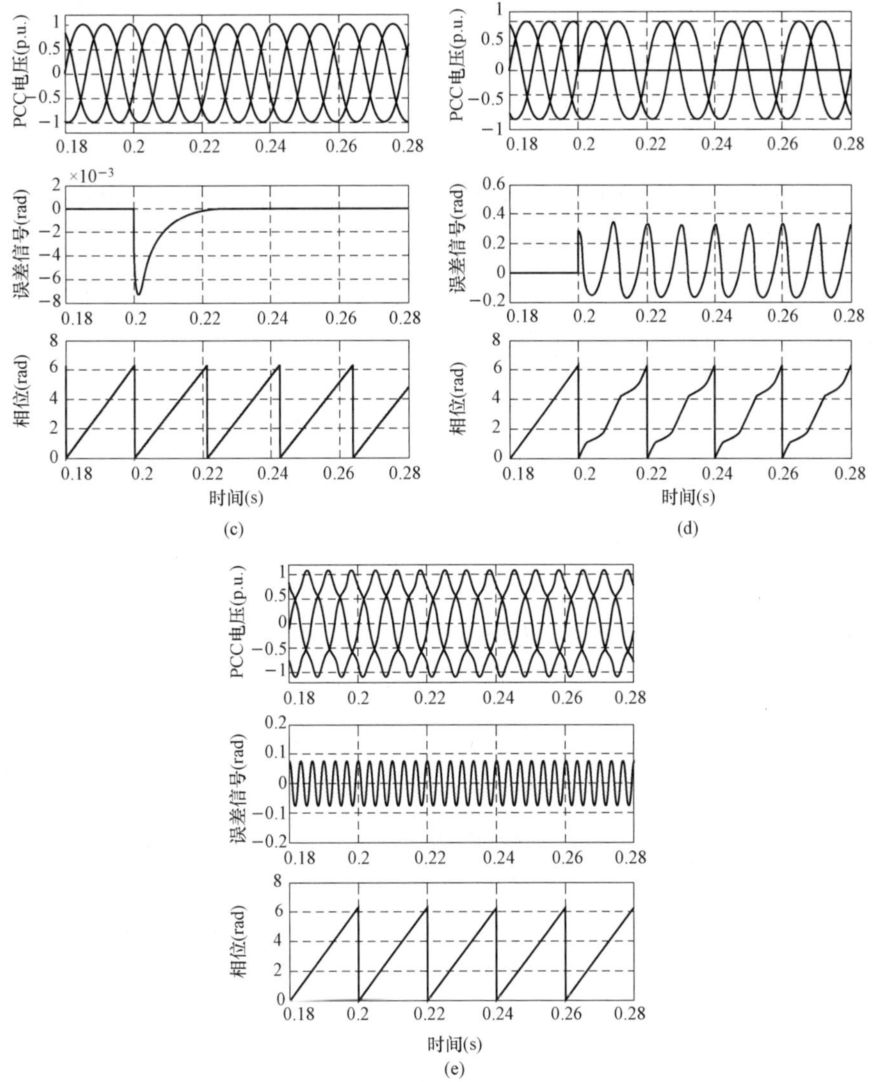

图 3-3 SSRF SPLL 仿真波形（二）

（c）频率突变；（d）单相接地；（e）含负序 5 次谐波

总之，SSRF SPLL 在三相电压平衡和频率突变情况下可以快速、准确地锁定相位，对谐波有一定的抑制作用，而在三相电压不平衡和单相接地情况下不能正确锁定相位。

3.2 基于双同步参考坐标变换的锁相环（DSRF SPLL）

3.2.1 不平衡电压矢量在双同步参考坐标下的分解

在三相电压不平衡时，根据对称分量法，电网电压矢量 u_s（只考虑基波电压）可以描述为正序、负序和零序电压分量三者的合成，即

$$\begin{bmatrix} u_{sa} \\ u_{sb} \\ u_{sc} \end{bmatrix} = U_s^P \begin{bmatrix} \sin(\omega t + \phi^P) \\ \sin(\omega t - 120° + \phi^P) \\ \sin(\omega t + 120° + \phi^P) \end{bmatrix} + U_s^N \begin{bmatrix} \sin(-\omega t + \phi^N) \\ \sin(-\omega t - 120° + \phi^N) \\ \sin(-\omega t + 120° + \phi^N) \end{bmatrix} + U_s^0 \begin{bmatrix} \sin(\omega t + \phi^0) \\ \sin(\omega t + \phi^0) \\ \sin(\omega t + \phi^0) \end{bmatrix} \tag{3-9}$$

式中：U_s^P、U_s^N、U_s^0 为正序、负序、零序基波电压峰值；ϕ^P、ϕ^N、ϕ^0 为正序、负序、零序基波电压的初始相位角。

对式（3-9）进行 Clark 变换，零序分量经过变换后为零，从而消除了零序分量的影响。在 $\alpha\beta$ 坐标系下，电网电压矢量 u_s可表示为

$$u_{s(\alpha\beta)} = \begin{bmatrix} u_{s\alpha} \\ u_{s\beta} \end{bmatrix} = u_{s(\alpha\beta)}^P + u_{s(\alpha\beta)}^N = U_s^P \begin{bmatrix} \sin(\omega t + \phi^P) \\ -\cos(\omega t + \phi^P) \end{bmatrix} + U_s^N \begin{bmatrix} \sin(-\omega t + \phi^N) \\ -\cos(-\omega t + \phi^N) \end{bmatrix} \tag{3-10}$$

式中：$u_{s(\alpha\beta)}^P$、$u_{s(\alpha\beta)}^N$ 分别表示正序电压和负序电压在 $\alpha\beta$ 坐标系上的分量。

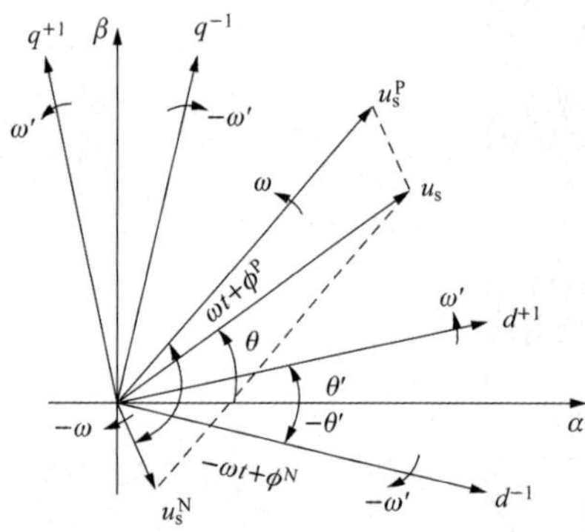

图 3-4 基于 DSRF 的电压矢量图

由式（3-10）可以看出，在 $\alpha\beta$ 坐标系下，正序电压分量 u_s^P 以角频率为 ω 正方向旋转，而负序电压分量 u_s^N 以角频率为 $-\omega$ 负方向旋转，电压矢量 u_s 为两者的合矢量，如图 3-4 所示。图中包括两个旋转坐标系，一个是以角频率为 ω' 正向旋转的 dq^{+1} 坐标系，旋转的角度为 θ'；另一个是以角频率为 $-\omega'$ 负向旋转的 dq^{-1} 坐标系，旋转的角度为 $-\theta'$。

对式（3-10）分别进行正向同步 dq 坐标变换和负向同步 dq 坐标变换，可得

$$u_{s(dq^{+1})} = \begin{bmatrix} u_{sd^{+1}} \\ u_{sq^{+1}} \end{bmatrix} = [T_{dq^{+1}}] u_{s(\alpha\beta)} = U_s^P \begin{bmatrix} \cos(\omega t + \phi^P - \theta') \\ \sin(\omega t + \phi^P - \theta') \end{bmatrix} + U_s^N \begin{bmatrix} \cos(-\omega t + \phi^N - \theta') \\ \sin(-\omega t + \phi^N - \theta') \end{bmatrix} \tag{3-11}$$

$$u_{s(dq^{-1})} = \begin{bmatrix} u_{sd^{-1}} \\ u_{sq^{-1}} \end{bmatrix} = [T_{dq^{-1}}] u_{s(\alpha\beta)} = U_s^P \begin{bmatrix} \cos(\omega t + \phi^P + \theta') \\ \sin(\omega t + \phi^P + \theta') \end{bmatrix} + U_s^N \begin{bmatrix} \cos(-\omega t + \phi^N + \theta') \\ \sin(-\omega t + \phi^N + \theta') \end{bmatrix} \tag{3-12}$$

式中，$[T_{dq^{+1}}] = \begin{bmatrix} \sin\theta' & -\cos\theta' \\ \cos\theta' & \sin\theta' \end{bmatrix}$；$[T_{dq^{-1}}] = \begin{bmatrix} -\sin\theta' & -\cos\theta' \\ \cos\theta' & -\sin\theta' \end{bmatrix}$。

根据 SSRF SPLL 的工作原理可知，如果锁相环锁定正序电压分量相位，那么正向旋转坐标系 dq^{+1} 的旋转角 θ' 应该尽可能地接近于 $\omega t + \phi^P$，即有 $\theta' \approx \omega t + \phi^P$，$\sin(\omega t + \phi^P - \theta') \approx \omega t + \phi^P - \theta'$，$\cos(\omega t + \phi^P - \theta') \approx 1$，$\varphi = \phi^N + \phi^P$。将式（3-11）和式（3-12）整理为

$$\begin{bmatrix} u_{sd^{+1}} \\ u_{sq^{+1}} \end{bmatrix} \approx U_s^P \begin{bmatrix} 1 \\ \omega t + \phi^P - \theta' \end{bmatrix} + U_s^N \cos(\varphi) \begin{bmatrix} \cos(2\theta') \\ -\sin(2\theta') \end{bmatrix} + U_s^N \sin(\varphi) \begin{bmatrix} \sin(2\theta') \\ \cos(2\theta') \end{bmatrix} \tag{3-13}$$

$$\begin{bmatrix} u_{sd}^{-1} \\ u_{sq}^{-1} \end{bmatrix} \approx U_s^P \begin{bmatrix} \cos(2\theta') \\ \sin(2\theta') \end{bmatrix} + U_s^N \begin{bmatrix} \cos(\varphi) \\ \sin(\varphi) \end{bmatrix} \tag{3-14}$$

由式（3-13）和式（3-14）可以看出，经正向同步 dq 坐标变换后，正序电压分量变成了直流量，负序电压分量则变为 2ω 频率的交流分量；同样，在负向同步 dq 坐标变换下，负序电压分量为直流量，而正序电压分量为 2ω 频率的交流量。因此在电压不平衡条件下，正向 dq 坐标变换后，q 轴电压分量中不仅含有直流部分，还有负序分量引起二次谐波。

3.2.2 DSRF SPLL 结构模型

不平衡三相电网电压经过 dq 变换后含有二次谐波，为了消除二次谐波，可以对其进行解耦计算。根据上述两式可得正负序电压的解耦变换计算公式

$$\begin{bmatrix} u_{sd}^{*+1} \\ u_{sq}^{*+1} \end{bmatrix} \approx \begin{bmatrix} u_{sd}^{+1} \\ u_{sq}^{+1} \end{bmatrix} - \bar{u}_{sd}^{-1} \begin{bmatrix} \cos(2\theta') \\ -\sin(2\theta') \end{bmatrix} - \bar{u}_{sq}^{-1} \begin{bmatrix} \sin(2\theta') \\ \cos(2\theta') \end{bmatrix} \tag{3-15}$$

$$\begin{bmatrix} u_{sd}^{*-1} \\ u_{sq}^{*-1} \end{bmatrix} \approx \begin{bmatrix} u_{sd}^{-1} \\ u_{sq}^{-1} \end{bmatrix} - \bar{u}_{sd}^{+1} \begin{bmatrix} \cos(2\theta') \\ \sin(2\theta') \end{bmatrix} \tag{3-16}$$

根据以上的推导关系，DSRF SPLL 结构模型如图 3-5 所示。DSRF SPLL 通过正方向和负方向 dq 变换和解耦计算，检测出三相不平衡电压中正序和负序电压基波分量，消除负序电压分量的影响，准确地锁定正序电压基波分量相位。

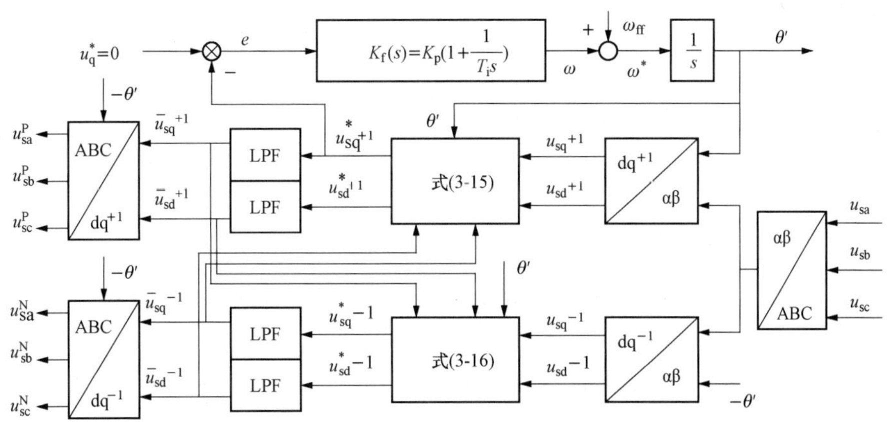

图 3-5　DSRF SPLL 结构模型

3.2.3 LPF 参数设计

本设计中，低通滤波器（LPF）的传递函数为

$$F(s) = \frac{1}{T_s s + 1} \tag{3-17}$$

式中：$T_s = 1/\delta\omega$；ω 为电压基频；δ 为一常数。

取 $\phi^{\mathrm{P}}=\phi^{\mathrm{N}}=0$，则 $\theta'\approx\omega t$。由图 3-5 可以得出

$$\begin{cases}\bar{u}_{\mathrm{sd}^{+1}}=\dfrac{1}{T_{\mathrm{s}}s+1}u_{\mathrm{sd}^{+1}}^{*}\\ \bar{u}_{\mathrm{sq}^{+1}}=\dfrac{1}{T_{\mathrm{s}}s+1}u_{\mathrm{sq}^{+1}}^{*}\\ \bar{u}_{\mathrm{sd}^{-1}}=\dfrac{1}{T_{\mathrm{s}}s+1}u_{\mathrm{sd}^{-1}}^{*}\\ \bar{u}_{\mathrm{sq}^{-1}}=\dfrac{1}{T_{\mathrm{s}}s+1}u_{\mathrm{sq}^{-1}}^{*}\end{cases}\tag{3-18}$$

将式（3-18）转换到时域内，并代入式（3-14）和式（3-15），得

$$\begin{cases}\dot{\bar{u}}_{\mathrm{sd}^{+1}}=\dfrac{1}{T_{\mathrm{s}}}[u_{\mathrm{sd}^{+1}}-\bar{u}_{\mathrm{sd}^{+1}}-\bar{u}_{\mathrm{sd}^{-1}}\cos(2\omega t)-\bar{u}_{\mathrm{sq}^{-1}}\sin(2\omega t)]\\ \dot{\bar{u}}_{\mathrm{sq}^{+1}}=\dfrac{1}{T_{\mathrm{s}}}[u_{\mathrm{sq}^{+1}}-\bar{u}_{\mathrm{sq}^{+1}}+\bar{u}_{\mathrm{sd}^{-1}}\sin(2\omega t)-\bar{u}_{\mathrm{sq}^{-1}}\cos(2\omega t)]\\ \dot{\bar{u}}_{\mathrm{sd}^{-1}}=\dfrac{1}{T_{\mathrm{s}}}[u_{\mathrm{sd}^{-1}}-\bar{u}_{\mathrm{sd}^{-1}}-\bar{u}_{\mathrm{sd}^{+1}}\cos(2\omega t)+\bar{u}_{\mathrm{sq}^{+1}}\sin(2\omega t)]\\ \bar{u}_{\mathrm{sq}^{-1}}=\dfrac{1}{T_{\mathrm{s}}}[u_{\mathrm{sq}^{-1}}-\bar{u}_{\mathrm{sq}^{-1}}-\bar{u}_{\mathrm{sd}^{+1}}\sin(2\omega t)-\bar{u}_{\mathrm{sq}^{+1}}\cos(2\omega t)]\end{cases}\tag{3-19}$$

结合式（3-14）、式（3-15）和式（3-19）可以得到状态空间方程为

$$\begin{cases}\dot{x}(t)=A(t)x(t)+B(t)u(t)\\ \dot{y}(t)=Cx(t)\end{cases}\tag{3-20}$$

式中，$\dot{x}(t)=\dot{y}(t)=[\bar{u}_{\mathrm{sd}^{+1}}\quad \bar{u}_{\mathrm{sq}^{+1}}\quad \bar{u}_{\mathrm{sd}^{-1}}\quad \bar{u}_{\mathrm{sq}^{-1}}]^{\mathrm{T}}$；$u(t)=[U_{\mathrm{s}}^{\mathrm{P}}\quad 0\quad U_{\mathrm{s}}^{\mathrm{N}}\quad 0]^{\mathrm{T}}$；$A(t)=-B(t)$；$C=I$（$I$ 为单位矩阵）；$B(t)=\dfrac{1}{T_{\mathrm{s}}}\begin{bmatrix}1 & 0 & \cos(2\omega t) & \sin(2\omega t)\\ 0 & 1 & -\sin(2\omega t) & \cos(2\omega t)\\ \cos(2\omega t) & -\sin(2\omega t) & 1 & 0\\ \sin(2\omega t) & \cos(2\omega t) & 0 & 1\end{bmatrix}$。

根据式（3-20）可以解出单位阶跃响应下电压正序分量 $\bar{u}_{\mathrm{sd}^{+1}}$ 计算公式为

$$\bar{u}_{\mathrm{sd}^{+1}}=U_{\mathrm{s}}^{\mathrm{P}}-U_{\mathrm{s}}^{\mathrm{P}}\{\cos(\omega t)\cos(\sqrt{1-\delta^{2}}\omega t)+\frac{1}{\sqrt{1-\delta^{2}}}\times\sin(\omega t)\sin(\sqrt{1-\delta^{2}}\omega t)\}\mathrm{e}^{-\delta\omega t}$$
$$+\frac{1}{\sqrt{1-\delta^{2}}}\times\delta U_{\mathrm{s}}^{\mathrm{N}}\cos(\omega t)\sin(\sqrt{1-\delta^{2}}\omega t)\mathrm{e}^{-\delta\omega t}$$

当单相接地时 $U_{\mathrm{s}}^{\mathrm{P}}=0.67$p. u.、$U_{\mathrm{s}}^{\mathrm{N}}=0.33$p. u.，绘制 δ 取不同值时的 $\bar{u}_{\mathrm{sd}^{+1}}$ 响应曲线，如图 3-6 所示。

从图中可以看出，当 $\delta\leqslant0.707$ 时，δ 越大，$\bar{u}_{\mathrm{sd}^{+1}}$ 响应速度越快；当 $\delta>0.707$ 时，输出响应出现振荡现象，系统瞬时误差增大，从而导致调节时间变长，甚至导致系统的不稳定。在本设计及实验中，取 $\delta=0.707$，输出响应快且没有发生振荡。

3.2.4 DSRF SPLL 仿真结果

DSRF SPLL 仿真波形如图 3-7 所示。仿真条件与 3.1.4 节相同。

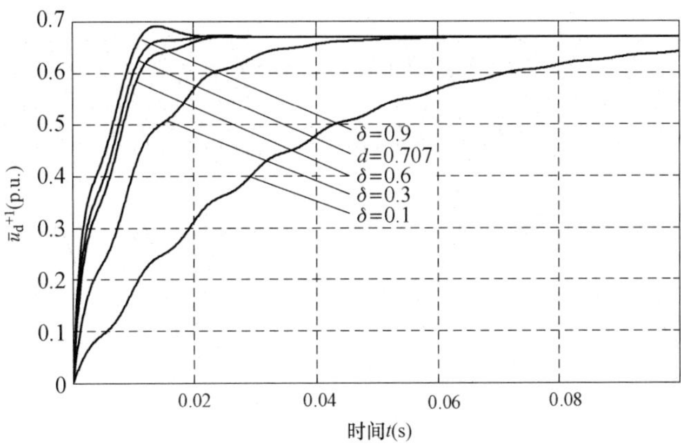

图 3-6 $\overline{u}_{sd}{}^{+1}$ 响应曲线

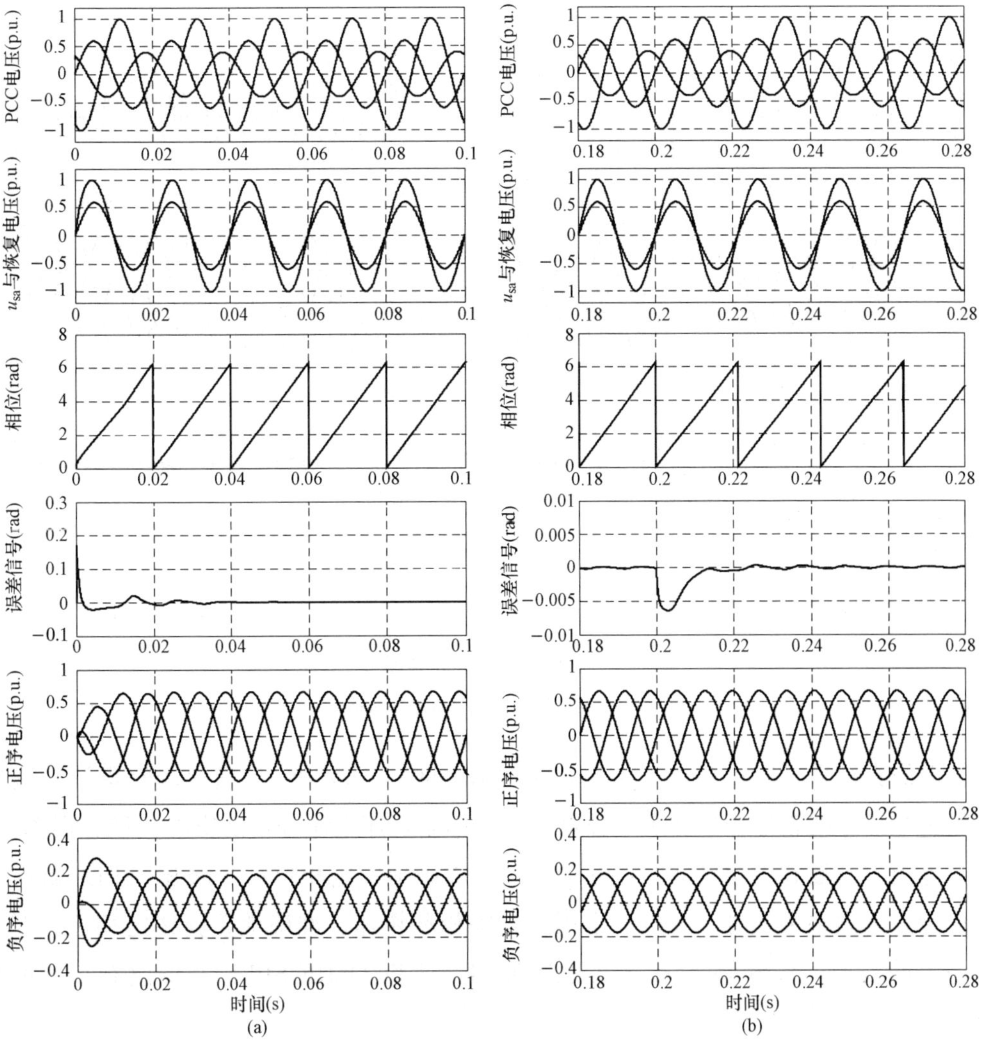

图 3-7 DSRF SPLL 仿真波形（一）

（a）电压不平衡；（b）频率突变

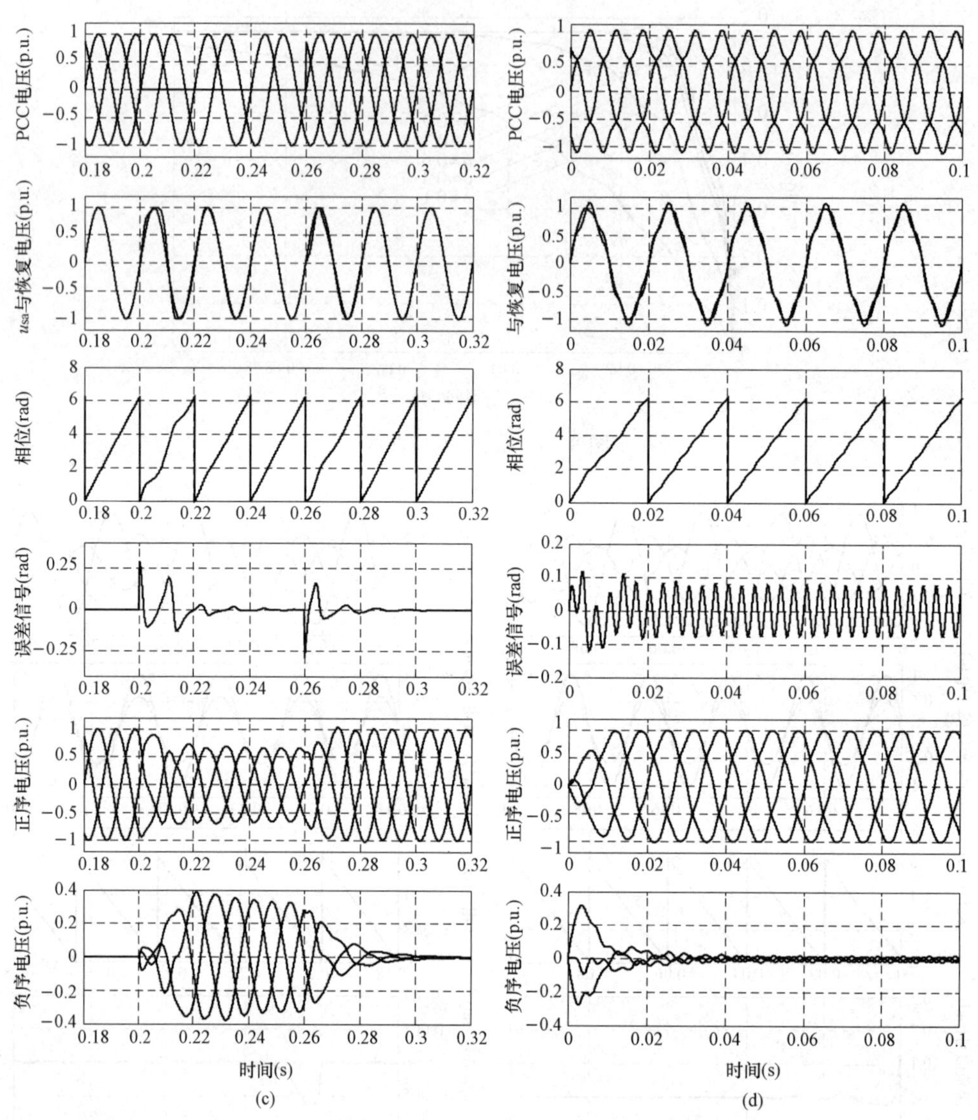

图 3-7　DSRF SPLL 仿真波形（二）

(c) 单相接地；(d) 含负序 5 次谐波

根据仿真结果可以得到以下结论：①DSRF SPLL 采用双 dq 变换和解耦计算能够检测不平衡电压中的正序分量和负序分量，完全抑制负序电压分量的影响，稳态误差为零，所以在电压不平衡和单相接地的情况下快速、准确地锁定相位；②DSRF SPLL 具有很强的适应能力，频率突变时，经过一个周波，锁相环快速、准确地重新锁定相位；③当电压含一定谐波时，锁相环本身含低通滤波器，所以 DSRF SPLL 对谐波有一定的抑制功能。

总之，DSRF SPLL 在电压不平衡、单相接地和频率突变的情况下快速、准确地锁定相位，而且对谐波有一定的抑制作用。

3.3 基于 MPLL 的锁相环（MPLL SPLL）

3.3.1 正序电压分量的检测

当三相电压不平衡时，采用对称分量法提取正序基波分量。在三相电力系统中，任意 1 组不对称的三个相量可以分解成正序、负序和零序 3 组对称分量，其中正序分量为

$$\begin{bmatrix} u_{sa}^{P} \\ u_{sb}^{P} \\ u_{sc}^{P} \end{bmatrix} = \frac{1}{3}\begin{bmatrix} 1 & p & p^2 \\ p^2 & 1 & p \\ p & p^2 & 1 \end{bmatrix}\begin{bmatrix} u_{sa} \\ u_{sb} \\ u_{sc} \end{bmatrix} \tag{3-21}$$

式中：u_{sa}、u_{sb}、u_{sc}分别为 A、B、C 相的电网电压；u_{sa}^{P}、u_{sb}^{P}、u_{sc}^{P}分别为 A、B、C 相正序电压分量；$p=-0.5-\sqrt{3}e^{-j90}/2$。

由式（3-21）可得

$$\begin{bmatrix} u_{sa}^{P} \\ u_{sb}^{P} \\ u_{sc}^{P} \end{bmatrix} = T\begin{bmatrix} u_{sa} \\ u_{sb} \\ u_{sc} \end{bmatrix} \tag{3-22}$$

式中，$T=\begin{bmatrix} \frac{1}{3} & -\frac{1}{6}-\frac{S_{90}}{2\sqrt{3}} & -\frac{1}{6}+\frac{S_{90}}{2\sqrt{3}} \\ -\frac{1}{6}+\frac{S_{90}}{2\sqrt{3}} & \frac{1}{3} & -\frac{1}{6}-\frac{S_{90}}{2\sqrt{3}} \\ -\frac{1}{6}-\frac{S_{90}}{2\sqrt{3}} & -\frac{1}{6}+\frac{S_{90}}{2\sqrt{3}} & \frac{1}{3} \end{bmatrix}$；$S_{90}=e^{-j90}$，表示移相 90°。

对式（3-22）进行 Clark 变换，则两相静止 $\alpha\beta$ 坐标系下的正序电压分量变换为

$$\begin{bmatrix} u_{s\alpha}^{P} \\ u_{s\beta}^{P} \end{bmatrix} = T_{32}\begin{bmatrix} u_{sa}^{P} \\ u_{sb}^{P} \\ u_{sc}^{P} \end{bmatrix} = TT_{32}T_{23}\begin{bmatrix} u_{s\alpha} \\ u_{s\beta} \end{bmatrix} \tag{3-23}$$

式中，$T_{23}=\begin{bmatrix} 1 & 0 \\ -1/2 & \sqrt{3}/2 \\ -1/2 & -\sqrt{3}/2 \end{bmatrix}$；$T_{32}=\frac{2}{3}\begin{bmatrix} 1 & -1/2 & -1/2 \\ 0 & \sqrt{3}/2 & -\sqrt{3}/2 \end{bmatrix}$。

由式（3-23）可以得到两相静止 $\alpha\beta$ 坐标系下正序分量的 $u_{s\alpha}^{P}$ 和 $u_{s\beta}^{P}$ 计算式为

$$\begin{bmatrix} u_{s\alpha}^{P} \\ u_{s\beta}^{P} \end{bmatrix} = \frac{1}{2}\begin{bmatrix} 1 & -S_{90} \\ S_{90} & 1 \end{bmatrix}\begin{bmatrix} u_{s\alpha} \\ u_{s\beta} \end{bmatrix} \tag{3-24}$$

由式（3-24）可以得到正序电压计算单元的结构，如图 3-8 所示。

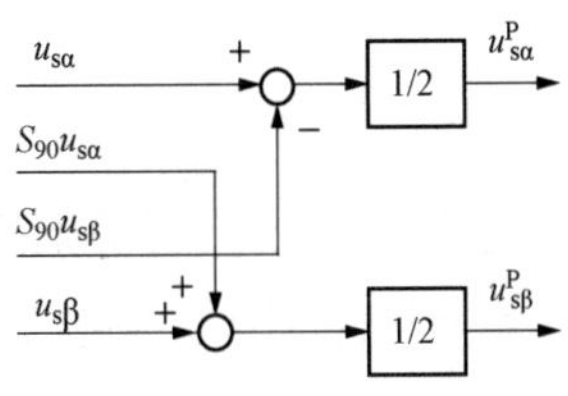

图 3-8 正序电压计算单元

3.3.2 $u_{s\alpha\beta}$及其移相90°后电压信号的检测

（1）MPLL的结构。由式（3-24）可知，要提取正序分量的$u_{s\alpha}^{P}$和$u_{s\beta}^{P}$，必须先检测$u_{s\alpha}$和$u_{s\beta}$及其移相90°后的电压信号。采用2个单相锁相环MPLL（the single-phase magnitude-phase locked loop）进行检测。MPLL不仅能锁定输入电压的相位，还能锁定幅值和频率，因此很容易得到输入电压基波部分$y(t)$及其移相90°后的电压信号$y_{90}(t)$，其结构如图3-9所示。图中，输入电压信号$u=U_1\sin\varphi$；e_1为电压幅值与其估算值的偏差信号；e_2为电压相位与其估计值的偏差信号；U_1'为电压幅值的估计值；φ'为相位φ的估计值；K_p和K_i分别为调节器的比例常数和积分常数；K为幅值积分常数。则$y(t)=U_1'\sin\varphi'$，$y_{90}(t)=U_1'\sin(\varphi'-90°)=-U_1'\cos\varphi'$。

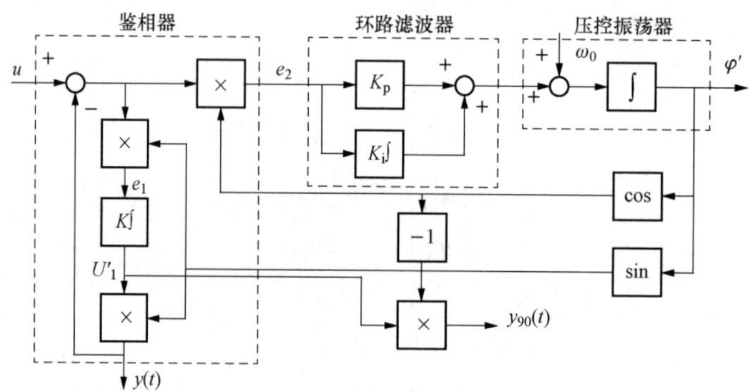

图3-9 MPLL的结构图

（2）MPLL的参数设计。由图3-9可得

$$\begin{cases} e_1=(U_1\sin\varphi-U_1'\sin\varphi')\sin\varphi' \\ e_2=(U_1\sin\varphi-U_1'\sin\varphi')\cos\varphi' \end{cases} \tag{3-25}$$

由式（3-25）可得

$$\begin{cases} e_1=\dfrac{U_1}{2}[\cos(\varphi-\varphi')-\cos(\varphi+\varphi')]-\dfrac{U_1'}{2}(1-\cos2\varphi') \\ e_2=\dfrac{U_1}{2}[\sin(\varphi+\varphi')+\sin(\varphi-\varphi')]-\dfrac{U_1'}{2}\sin2\varphi' \end{cases} \tag{3-26}$$

当系统稳态运行时，有$\varphi\approx\varphi'$、$U_1\approx U_1'$，则式（3-26）可以简化为

$$\begin{cases} e_1\approx\dfrac{U_1}{2}-\dfrac{U_1'}{2} \\ e_2\approx\dfrac{U_1}{2}(\varphi-\varphi') \end{cases} \tag{3-27}$$

由式（3-27）可分别画出电压幅值和相位的等效框图，如图3-10所示。

幅值的闭环传递函数为

$$\frac{U_1'}{U_1}=\frac{1}{(2/K)s+1} \tag{3-28}$$

该系统为一阶系统，调节时间 $t_s=8/K$，取调节时间为 20ms，则 $K=400$。

相位的闭环传递函数为

$$\frac{\varphi'}{\varphi}=\frac{\frac{U_1}{2}K_p s+\frac{U_1}{2}K_i}{s^2+\frac{U_1}{2}K_p s+\frac{U_1}{2}K_i}=\frac{2\xi\omega_n s+\omega_n^2}{s^2+2\xi\omega_n s+\omega_n^2} \tag{3-29}$$

式中：ω_n 为自然频率，$\omega_n=\sqrt{U_1K_i/2}$；ξ 为阻尼比，$\xi=\sqrt{U_1K_p^2/(8K_i)}$。

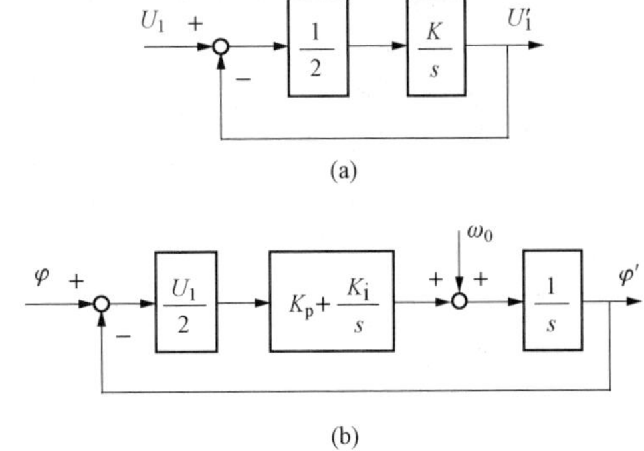

图 3-10　MPLL 的等效框图

(a) 幅值；(b) 相位

该系统为二阶系统，取调节时间为 30ms，则 $\xi=0.707$；以 U_1 作为基准值进行标幺化，即 $U_1=1$p. u.，则 $K_p=667$，$K_i=111256$。

3.3.3　MPLL SPLL 结构模型

MPLL SPLL 的结构如图 3-11 所示。图 3-11 中，$u'_{s\alpha}$ 和 $u'_{s\beta}$ 分别为 $u_{s\alpha}$ 和 $u_{s\beta}$ 的基波分量；θ' 为相位的估计值。该锁相环包括 MPLL（2 个）、正序电压计算单元和 SSRF SPLL。MPLL 的作用是检测三相电压的 $u_{s\alpha}$ 和 $u_{s\beta}$ 及它们移相 90°后的电压信号；正序电压计算单元的作用是检测正序分量 $u_{s\alpha}^P$ 和 $u_{s\beta}^P$；SSRF SPLL 的作用是锁定正序基波电压分量的相位。在 $\alpha\beta$ 坐标系下，采用 2 个 MPLL 和正序电压计算单元来检测正序分量，从而消除负序电压分量对输出相位的影响。此外，MPLL 和 SSRF SPLL 的 2 次滤波对三相电压高次谐波具有较强的抑制作用。

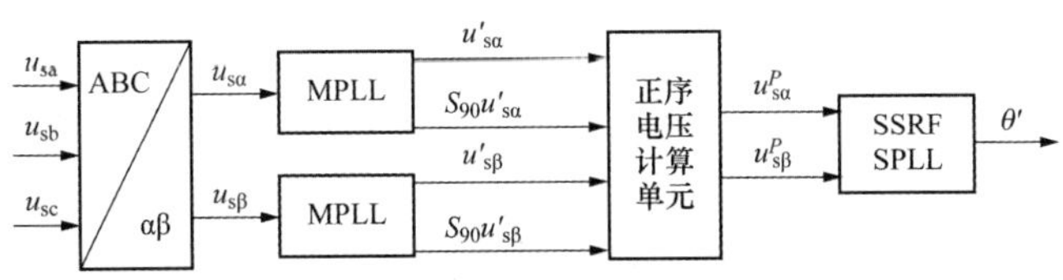

图 3-11　MPLL SPLL 的结构图

3.3.4　MPLL SPLL 仿真结果

MPLL SPLL 在 PSCAD/EMTDC 环境下的仿真结果如图 3-12 所示。在电压不平衡的情况下，设输入三相电压幅值分别为 $u_{sa}=0.6$p. u.，$u_{sb}=1.0$p. u.，$u_{sc}=0.4$p. u.。由图 3-12 可以看出，在三相电压不平衡的情况下，MPLL SPLL 可以提取正序分量 $u_{s\alpha}^P$ 和 $u_{s\beta}^P$，从而消除了负序电压的影响，能够快速、准确地锁定正序分量的相位。当三相电压含谐波，频率突变为 47Hz 且在 0.2s 时发生 C 相单相接地故障的情况下，该锁相环具有很强的自适应能力，当电压频率突变或者发生单相接地故障时，经过 2 个周期便可重新快速、准确地锁定相位，并对谐波有较强的抑制作用。

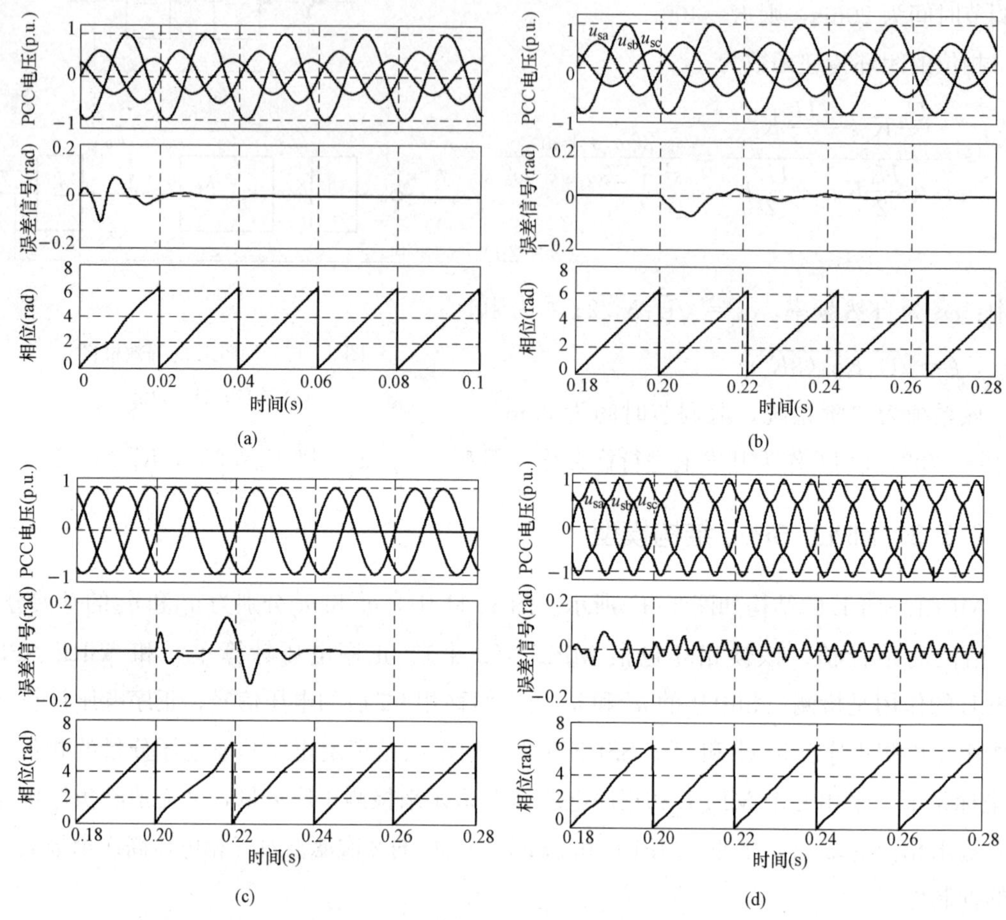

图 3-12　MPLL SPLL 仿真波形

（a）电压不平衡；（b）频率突变；（c）单相接地；（d）含负序 5 次谐波

3.4　基于 SOGI NFLL 的锁相环（SOGI NFLL SPLL）

采用两个 SOGI NFLL 分别检测 $u_{s\alpha}$ 和 $u_{s\beta}$ 及它们相应的移相 90°电压信号，再经过正负序电压计算单元提取正负序电压信号，从而消除负序电压对相位信号检测的影响，可以快速准确地锁定正序电压的相位。

3.4.1　$u_{s\alpha\beta}$ 及其移相 90° 后电压信号的检测

（1）SOGI NFLL 工作原理。SOGI NFLL 的结构如图 3-13 所示，它包含二阶广义积分（SOGI）和锁频环（FLL）两部分。SOGI 的作用为检测 $u_{s\alpha}$、$S_{90}u_{s\alpha}$、$u_{s\beta}$ 和 $S_{90}u_{s\beta}$ 信号。FLL 检测电网电压的频率信号，作为 SOGI 的频率输入信号。其中 $u(t)$ 为输入的电网电压

信号；$e(t)$为输入的电压信号 $u(t)$和 $u'(t)$误差信号；$u'(t)$为 $u(t)$ 的检测量；$S_{90}u'(t)$为 $u'(t)$移相 90°的电压信号；ω_0 为电网电压的工频角频率；ω'为检测的频率信号。

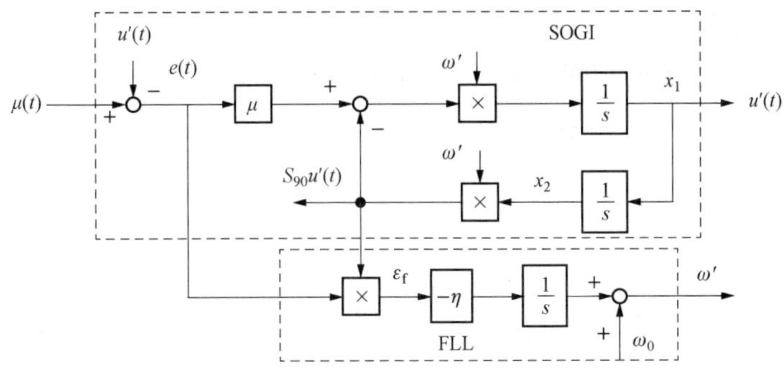

图 3-13　SOGI NFLL 的结构图

由图 3-13 可以得到输出 $u'(s)$、$S_{90}u'(s)$与输入量 $u(s)$之间的传递函数为

$$\begin{cases} D(s)=\dfrac{u'(s)}{u(s)}=\dfrac{\mu\omega' s}{s^2+\mu\omega' s+\omega'^2} \\ Q(s)=\dfrac{S_{90}u'(s)}{u(s)}=\dfrac{\mu\omega'^2}{s^2+\mu\omega' s+\omega'^2} \end{cases} \tag{3-30}$$

假设输入的电压信号 $u(t)$的角频率为 ω，由式（3-30）可以计算出 $D(s)$和 $Q(s)$的幅频和相频特性为

$$\begin{cases} |D(j\omega)|=\dfrac{\mu\omega'\omega}{\sqrt{(\mu\omega'\omega)^2+(\omega^2-\omega'^2)^2}} \\ \angle D(j\omega)=\arctan\left(\dfrac{\omega'^2-\omega^2}{\mu\omega'\omega}\right) \end{cases} \tag{3-31}$$

$$\begin{cases} |Q(j\omega)|=\dfrac{\omega'}{\omega}|D(s)| \\ \angle Q(j\omega)=\angle D(j\omega)-\dfrac{\pi}{2} \end{cases} \tag{3-32}$$

由式（3-31）和式（3-32）可知，当系统稳定时，$\omega'=\omega$，$|D(j\omega)|=1$，$\angle D(j\omega)=0$。这说明稳态时 $u'(t)$与 $u(t)$为幅值相等、相位相同的电压信号，因此 $u'(t)$为 $u(t)$的检测信号；$|Q(j\omega)|=1$，$\angle Q(j\omega)=-\pi/2$，说明 $S_{90}u'(t)$与 $u(t)$的幅值相等，$S_{90}u'(t)$的相位滞后 $u(t)$信号 90°，因此 $S_{90}u'(t)$为 $u'(t)$移相 90°的电压信号。

（2）SOGI 的动态特性和参数计算。假设电网的电压输入信号为

$$u(t)=U\sin(\omega t) \tag{3-33}$$

为了便于分析简化，输入信号的初始相位为 0，其中，U 和 ω 都为常数。令 $x(t)=[x_1(t),\ x_2(t)]^{\mathrm{T}}$ 为状态变量，由图 3-13 可以得到

$$\begin{bmatrix} \dot{x}_1(t) \\ \dot{x}_2(t) \end{bmatrix}=\begin{bmatrix} -\mu\omega' & -\omega'^2 \\ 1 & 0 \end{bmatrix}\begin{bmatrix} x_1(t) \\ x_2(t) \end{bmatrix}+\begin{bmatrix} \mu\omega' \\ 0 \end{bmatrix}u(t) \tag{3-34}$$

$$\begin{bmatrix} u'(t) \\ S_{90}u'(t) \end{bmatrix} = \begin{bmatrix} 1 \\ 0 \end{bmatrix} \begin{bmatrix} x_1(t) \\ x_2(t) \end{bmatrix} \tag{3-35}$$

$$\dot{\omega}' = -\eta x_2 \omega' [u(t) - x_1] \tag{3-36}$$

式（3-34）满足具有唯一解的条件，利用消元方法且将式（3-33）代入式（3-34）得

$$\begin{cases} \ddot{x}_2(t) + \mu\omega'\dot{x}_2(t) + \omega'^2 x_2(t) = \mu\omega' U\sin(\omega t) \\ x_1(t) = \dot{x}_2(t) \end{cases} \tag{3-37}$$

解式（3-37）可得

$$\begin{bmatrix} x_1(t) \\ x_2(t) \end{bmatrix} = U\begin{bmatrix} \sin(\omega t) \\ -\frac{1}{\omega'}\cos(\omega t) \end{bmatrix} + \begin{bmatrix} -\frac{U}{\beta}\exp\left(-\frac{\mu\omega' t}{2}\right)\sin(\beta\omega t) \\ \frac{U}{\omega'}\left[\cos(\beta\omega t) + \frac{\mu}{2\beta}\sin(\beta\omega t)\right]\exp\left(-\frac{\mu\omega' t}{2}\right) \end{bmatrix} \tag{3-38}$$

因此，可得

$$\begin{bmatrix} u'(t) \\ S_{90}u'(t) \end{bmatrix} = U\begin{bmatrix} \sin(\omega t) \\ -\cos(\omega t) \end{bmatrix} + \begin{bmatrix} -\frac{U}{\beta}\exp\left(-\frac{\mu\omega' t}{2}\right)\sin(\beta\omega t) \\ U\left[\cos(\beta\omega t) + \frac{\mu}{2\beta}\sin(\beta\omega t)\right]\exp\left(-\frac{\mu\omega' t}{2}\right) \end{bmatrix} \tag{3-39}$$

式中，$\beta = \sqrt{4-\mu^2}/2$；$\mu < 2$。

根据式（3-39）可得 SOGI 的响应时间为

$$t_{s(SOGI)} = \frac{10}{\mu\omega'} \tag{3-40}$$

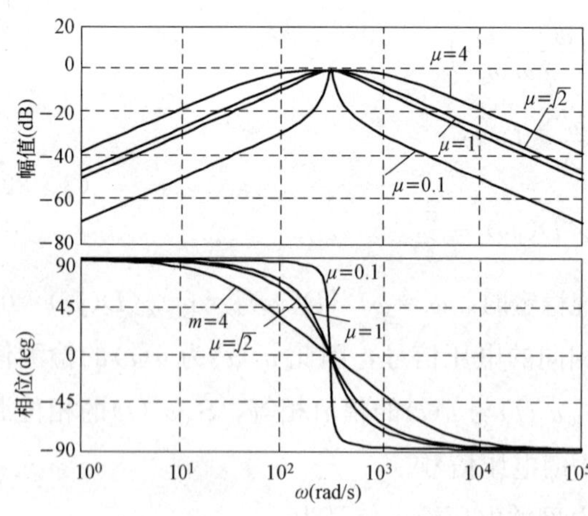

图 3-14　不同的 μ 值时 $D(s)$ 的波特图

由式（3-40）可以看出，μ 的取值越大，SOGI 的响应速度就越快，但是 μ 的取值也能够影响到 SOGI 的带宽，μ 的取值越大，当含有谐波时系统的抗干扰能力也会下降。同理，μ 的取值越小，SOGI 的响应速度就会变慢，含有谐波时系统抗干扰能就会很强，不同的 μ 值时 $D(s)$ 的波特图如图 3-14 所示。综合考虑 μ 取$\sqrt{2}$最为合适，SOGI 的响应时间 $t_{s(SOGI)} = 10/(\mu\omega') = 10/(\sqrt{2}\times 314) = 0.022(s)$。

（3）FLL 的动态响应特性及参数设计。由式（3-39）中可以看出，式中的第二项（也就是暂态分量）是以指数规律按照时间顺序衰减到 0，最终只剩下第一项（也就是稳态分量）为

$$\begin{bmatrix} u'(t) \\ S_{90}u'(t) \end{bmatrix} = U\begin{bmatrix} \sin(\omega t) \\ -\cos(\omega t) \end{bmatrix} \tag{3-41}$$

若 $\overline{\omega}\neq\omega$ 时，由式（3-37）可解得系统有一致稳定渐近轨道为

$$\begin{bmatrix}\overline{u}'(t)\\ S_{90}\overline{u}'(t)\end{bmatrix}=U\mid D(\mathrm{j}\omega)\mid\begin{bmatrix}\sin[\omega t+\angle D(\mathrm{j}\omega)]\\ -\dfrac{\omega'}{\omega}\cos[\omega t+\angle D(\mathrm{j}\omega)]\end{bmatrix} \tag{3-42}$$

由式（3-34）和式（3-42）可以得到

$$\dot{x}_1=-\omega^2 x_2 \tag{3-43}$$

由式（3-34）可以得到

$$e(t)=u(t)-u'(t)=\frac{1}{\mu\omega'}(\dot{x}_1+\omega'^2 x_2) \tag{3-44}$$

把式（3-43）代入式（3-44）可得到稳态频率误差 ε_f 为

$$\varepsilon_\mathrm{f}=x_2\omega' e(t)=\frac{x_2^2}{\mu}(\omega'^2-\omega^2) \tag{3-45}$$

由式（3-45）可知，ε_f 可以作为 FLL 的控制信号，当 FLL 稳态运行时，假设 $\omega'\approx\omega$，此时，$\omega'^2-\omega^2$ 近似等于 $2(\omega'-\omega)\omega'$，FLL 的响应函数为

$$\dot{\omega}'=-\eta\varepsilon_\mathrm{f}=-\frac{2\eta}{\mu}x_2^2(\omega'-\omega)\omega' \tag{3-46}$$

锁频环技术（FLL）是非线性系统，所以线性分析技术不适用于计算 FLL 增益 η。当 $\omega'\neq\omega$，系统处于暂态情况下，即非稳定状态，从式（3-41）和式（3-42）可以得到稳态值为

$$\overline{x}_2^2=\frac{U^2}{2\omega^2}\mid D(\mathrm{j}\omega)\mid^2[1+\cos\{2[\omega t+\angle D(\mathrm{j}\omega)]\}] \tag{3-47}$$

FLL 在稳态运行时，$\overline{x}_2^2$ 主要由直流量 $U^2/2\omega^2$ 和 2 次基频分量的交流量组成。所以该系统稳定情况下，$\omega'=\omega$ 忽略其直流量，故锁频环动态方程可以表示为

$$\dot{\overline{\omega}}'=-\frac{\eta U^2}{\mu\omega'}(\overline{\omega}'-\omega) \tag{3-48}$$

从式（3-48）可以明显看出来，FLL 的响应时间与电压幅值 U、频率 ω' 和参数 μ 有关，为了消除 U、ω' 和 μ 对系统响应时间的影响，设

$$\eta=\frac{\mu\omega'}{U^2}\Gamma \tag{3-49}$$

式中：Γ 为锁频环比例系数。

由式（3-48）和式（3-49）可得到标准化锁频环（NFLL）结构如图 3-15 所示。

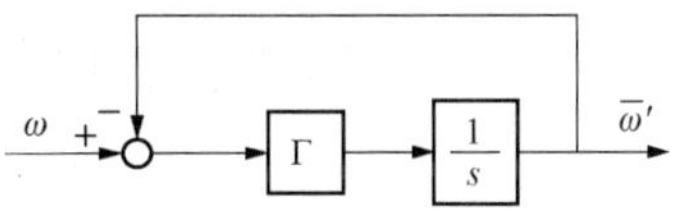

由图 3-15 可以看出本结构为一阶线性系统，其频率自适应控制系统的传递函数为

$$\frac{\overline{\omega}'}{\omega}=\frac{\Gamma}{s+\Gamma} \tag{3-50}$$

图 3-15　NFLL 结构

故系统的响应时间为

$$t_{s(FLL)} \approx \frac{5}{\Gamma} \tag{3-51}$$

假设 FLL 的响应时间为 2.5 个周期，即 $t_{s(FLL)}=50ms$，$\Gamma=100$。

（4）SOGI NFLL 的总体结构。SOGI NFLL 总体结构主要包括 SOGI 和 NFLL 两部分，其结构如图 3-16 所示。

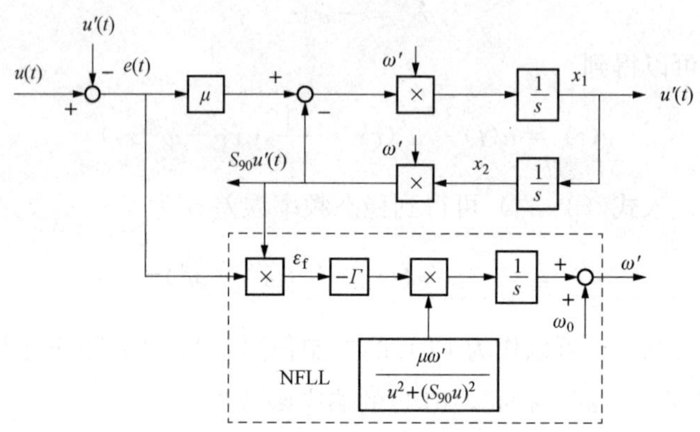

图 3-16　SOGI NFLL 总体结构图

3.4.2　SOGI NFLL SPLL 结构模型

SOGI NFLL SPLL 结构模型如图 3-17 所示。两个 SOGI NFLL 模块进行滤波，得到一对正交信号（$u'_{s\alpha}$信号和 $S_{90}u'_{s\alpha}$信号）$u'_{s\alpha}$信号超前 $S_{90}u'_{s\alpha}$信号 90°；$u'_{s\beta}$信号和 $S_{90}u'_{s\beta}$也是一对正交信号，$u'_{s\beta}$信号超前 $S_{90}u'_{s\beta}$信号 90°；再经过正负序电压计算单元提取出基频正序分量 $u^{P}_{s\alpha\beta}$和负序分量 $u^{N}_{s\alpha\beta}$，经过单同步坐标变换锁相环（SSRF SPLL）检测到电网的相位信息以及频率信息。最后经过两个 Clark 反变换模块，可以得到三相正序电压 u^{P}_{sa}、u^{P}_{sb}、u^{P}_{sc}和负序电压 u^{N}_{sa}、u^{N}_{sb}、u^{N}_{sc}。

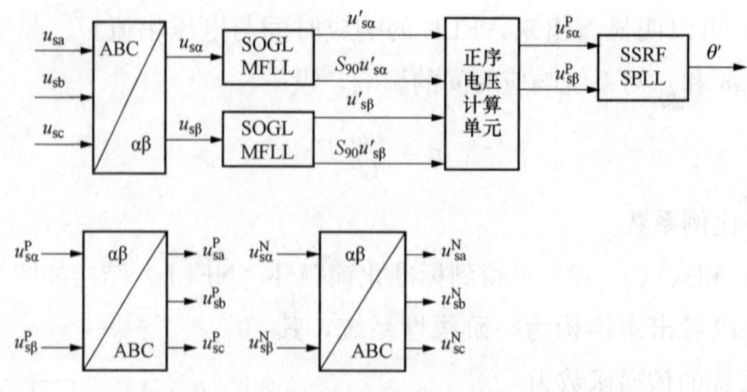

图 3-17　SOGI NFLL SPLL 结构模型

该方法主要采用两个 SOGI NFLL 检测 $u_{s\alpha\beta}$及其移相 90°的电压信号，利用正负序电压计算单元检测正负序电压，从而消除负序电压对相位检测的影响，从而在电压不平衡下可以准确锁定正序电压相位信号。

3.4.3 SOGI NFLL SPLL 仿真结果

基于 SOGI NFLL 锁相环的仿真波形如图 3-18 所示。其中，SOGI NFLL 调节器参数为 $\mu=1.414$，$\Gamma=100$。从图 3-18 中可以看出，在电网不平衡情况下，$u_{sa}=0.6$p.u.，$u_{sb}=1.0$p.u.，$u_{sc}=0.4$p.u.；该锁相环采用正序电压计算单元检测正负序电压，能够消除负序分量的影响，相位误差信号和频率响应时间大约都为 40ms，不仅能够快速并且准确地检测到电网电压相位信息和频率信息。当电网电压的频率由 50Hz 突变为 53Hz 时，NFLL 经过 40ms 锁定电压频率信号，SSRF SPLL 经过 40ms 重新锁定相位信号，具有频率自适应性。当电网电压含有 10%的 5 次谐波时，该锁相环对谐波有一定的抑制作用，也能够准确地锁定相位。

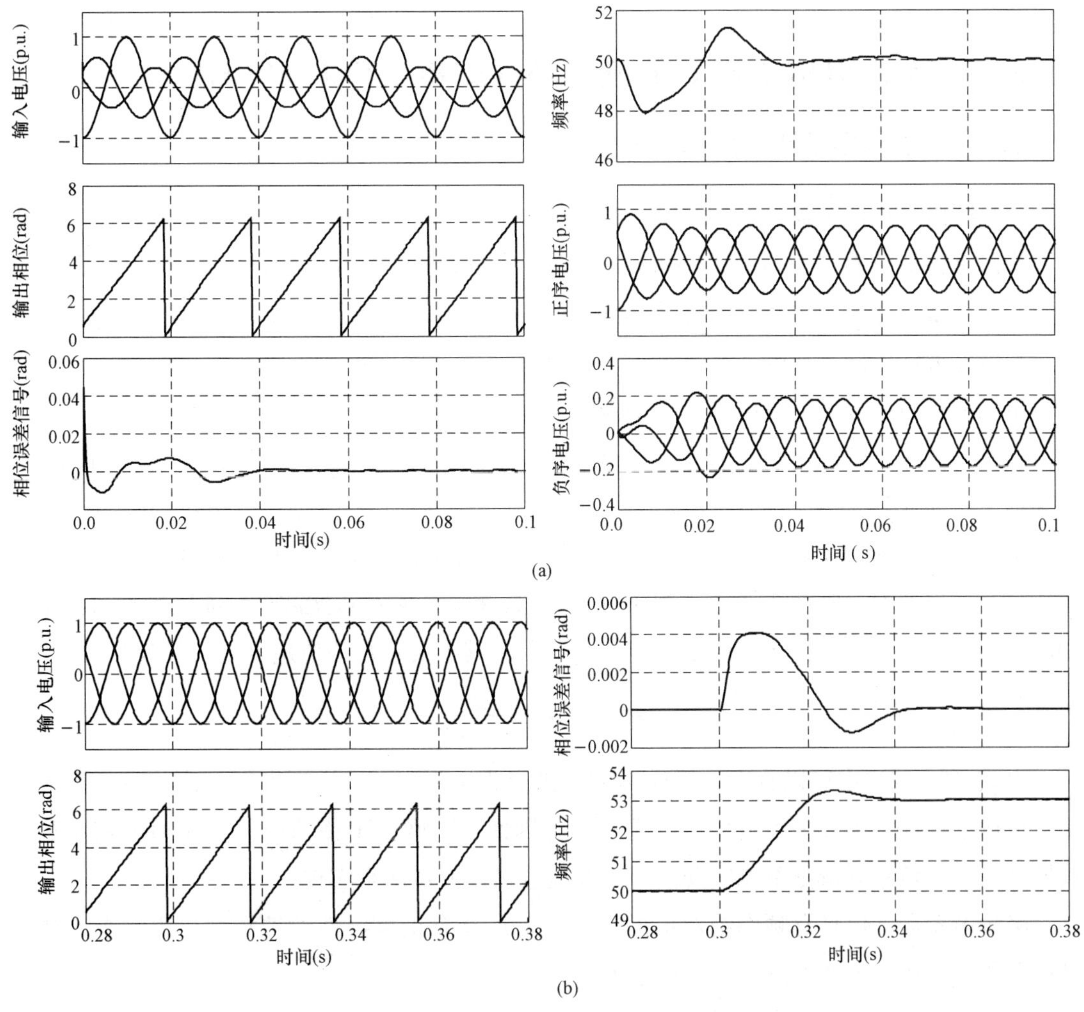

图 3-18 基于 SOGI NFLL 锁相环仿真波形（一）

（a）电网电压不平衡；（b）电网频率突变到 53Hz

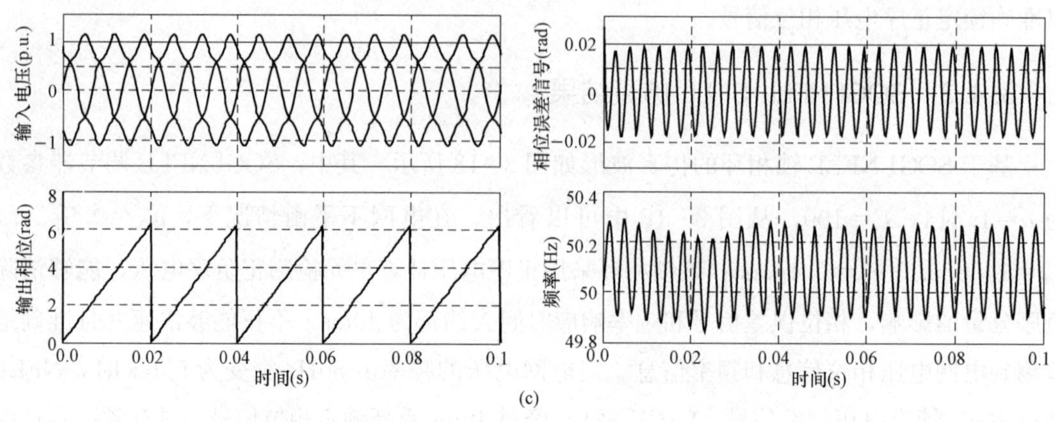

图 3 - 18　基于 SOGI NFLL 锁相环仿真波形（二）

（c）含有 10%的 5 次谐波

3.5　基于 ROR NFLL 的锁相环（ROR NFLL SPLL）

3.5.1　正负序电压的提取

（1）降阶谐振调节器。

降阶谐振调节器（Reduced Order Resonant Controller - ROR）是一种复系数滤波器，系数是复系数的滤波方法称为复系数滤波器法（Complex Coefficient Filters，CCF）。与实系数滤波器方法不同，在电压不平衡的情况下，复系数滤波器法不需要对称分量方法就可以将电压的正负序分量提取出来，也不需要太多的坐标变换。

在非理想电压情况下包含谐波扰动时，一般使用实系数滤波器将其正负序提取出来，例如前文所述 MPLL 和 SOGI NFLL。实系数滤波法是基于实系数滤波器的同步方法（Real Coefficient Filters，RCF）。前文所述的实系数滤波器仅有频率值大小的选择性，不能够将正负分开，也就没有极性选择性。例如对于 50Hz 来说，实系数滤波器只能区别绝对值不同的两个频率，＋50Hz 与－50Hz 是不能区别开的。其中实系数的传递函数一般为

$$G_{\mathrm{RCF}}(s)=\frac{2s}{s^{2}+\omega_{\mathrm{c}}^{2}} \tag{3-52}$$

由式（3 - 52）中可以看出，传递函数的极点为 $s=\pm \mathrm{j}\omega_{\mathrm{c}}$，从而可以看出，只具有频率绝对值得选择性，不具有正负极性的选择性。因此在电网不平衡情况下，仅通过实系数滤波器提取正、负序分量是不能实现的，需要通过对称分量法来实现。

降阶谐振器不仅具有频率绝对值的选择性，还具有正负极性的选择性。事实上，降阶谐振器早就应用在工业方面（如通信系统）。

在理想的条件下，具有绝对值选择性和正负极性选择性的降阶谐振器，既应该在选择频率处保持单位增益和零相位偏移，也应该在其他频率处大幅度的衰减，并且要有很快响

应速度。降阶之后传递函数为

$$G_{\mathrm{ROR}}(s)=\frac{\omega_c}{s-\mathrm{j}\omega_0+\omega_c} \tag{3-53}$$

式中：ω_0 和 ω_c 之间的关系是 $\xi=\omega_c/\omega_0$，ξ 为阻尼系数；ω_0 为滤波器的带宽频率，一般情况下是电网频率；ω_c 为一个常数。

当 $\xi=1$ 时，$\omega_c=\omega'=314\mathrm{rad/s}$ 典型一阶 ROR 的幅值曲线如图 3-19 所示。由图 3-19 中可以看出，ROR 降价谐振调节器在 $f=50\mathrm{Hz}$ 处的增益最大，增益值为 1，其他频率处的幅值衰减系数为 $\omega_c/\sqrt{(\omega_c-\omega_0)^2+\omega_c^2}$，相位的偏移为 $\arctan[(\omega_c-\omega_0)/\omega_c]$。但是在 $f=-50\mathrm{Hz}$ 处，增益衰减系数为 $\omega_c/\sqrt{4\omega'^2+\omega_c^2}$，相位偏移为 $\arctan(2\omega'/\omega_c)$。这说明，ROR 降价谐振调节器不但具有频率选择性，还具有极性选择性。本方法可以直接提取正负序分量，不需要对称分量法，从而简化了系统的结构。

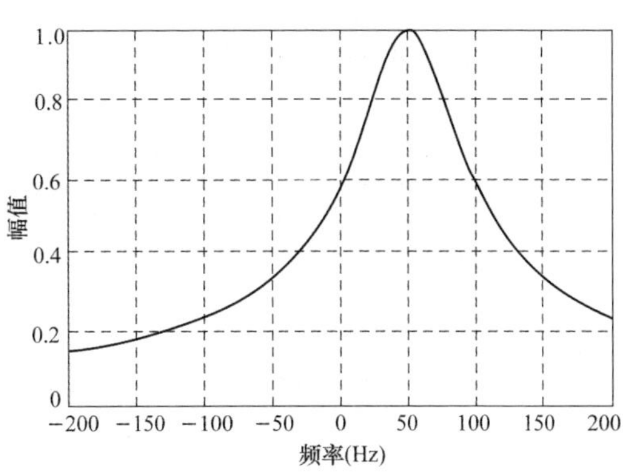

图 3-19 典型一阶 ROR 的幅值曲线图

从上述可以看出，降价谐振调节器与实系数滤波器相比有一定的优势，因为降价谐振调节器不但拥有实系数滤波器的频率绝对值选择性，还有正负极性选择性。当然，降价谐振调节器和实系数滤波器跟其他滤波器一样，必须在滤波精度和响应速度之间权衡，以获得最大的滤波优势[52]。

(2) 基于 ROR 正负序电压检测。基于 ROR 正负序电压检测单元的结构如图 3-20 所示。三相电压 u_{sabc} 经过 $\alpha\beta$ 变换后，由 ROR 检测出 $u_{\mathrm{s}\alpha\beta}^{\mathrm{P}}$ 和 $u_{\mathrm{s}\alpha\beta}^{\mathrm{N}}$。

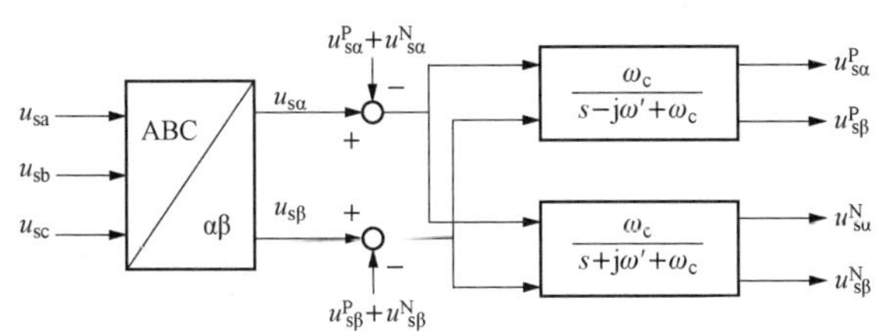

图 3-20 基于 ROR 正负序电压检测单元结构图

3.5.2 基于 ROR 正负序电压检测单元的数学模型及参数计算

(1) 数学模型。由图 3-20 可得到 ROR 输入和输出之间的关系，其传递函数为

$$\begin{cases} u_{\mathrm{s}\alpha}^{\mathrm{P}}(s)=\dfrac{\omega_c}{s-\mathrm{j}\omega'+\omega_c}[u_{\mathrm{s}\alpha}(s)-u_{\mathrm{s}\alpha}^{\mathrm{N}}(s)] \\ u_{\mathrm{s}\beta}^{\mathrm{P}}(s)=\dfrac{\omega_c}{s-\mathrm{j}\omega'+\omega_c}[u_{\mathrm{s}\beta}(s)-u_{\mathrm{s}\beta}^{\mathrm{N}}(s)] \\ u_{\mathrm{s}\alpha}^{\mathrm{N}}(s)=\dfrac{\omega_c}{s+\mathrm{j}\omega'+\omega_c}[u_{\mathrm{s}\alpha}(s)-u_{\mathrm{s}\alpha}^{\mathrm{P}}(s)] \\ u_{\mathrm{s}\beta}^{\mathrm{N}}(s)=\dfrac{\omega_c}{s+\mathrm{j}\omega'+\omega_c}[u_{\mathrm{s}\beta}(s)-u_{\mathrm{s}\beta}^{\mathrm{P}}(s)] \end{cases} \tag{3-54}$$

将式（3-54）变换为

$$\begin{cases} u_{s\alpha}^{P}(s)s = \omega_c u_{s\alpha}(s) - \omega_c u_{s\alpha}^{N}(s) - \omega_c u_{s\alpha}^{P}(s) + j\omega' u_{s\alpha}^{P}(s) \\ u_{s\beta}^{P}(s)s = \omega_c u_{s\beta}(s) - \omega_c u_{s\beta}^{N}(s) - \omega_c u_{s\beta}^{P}(s) + j\omega' u_{s\beta}^{P}(s) \\ u_{s\alpha}^{N}(s)s = \omega_c u_{s\alpha}(s) - \omega_c u_{s\alpha}^{P}(s) - \omega_c u_{s\alpha}^{N}(s) - j\omega' u_{s\alpha}^{N}(s) \\ u_{s\beta}^{N}(s)s = \omega_c u_{s\beta}(s) - \omega_c u_{s\beta}^{P}(s) - \omega_c u_{s\beta}^{N}(s) - j\omega' u_{s\beta}^{N}(s) \end{cases} \tag{3-55}$$

三相电压经过 $\alpha\beta$ 变换后为

$$\begin{cases} u_\alpha = U\sin\omega t \\ u_\beta = -U\cos\omega t \end{cases} \tag{3-56}$$

根据复变函数理论，j 表示超前 $\pi/2$，则有

$$\begin{cases} u_\alpha = ju_\beta \\ u_\beta = -ju_\alpha \end{cases} \tag{3-57}$$

根据式（3-57）可将式（3-55）变换为

$$\begin{cases} u_{s\alpha}^{P}(s)s = \omega_c u_{s\alpha}(s) - \omega_c u_{s\alpha}^{N}(s) - \omega_c u_{s\alpha}^{P}(s) - \omega' u_{s\beta}^{P}(s) \\ u_{s\beta}^{P}(s)s = \omega_c u_{s\beta}(s) - \omega_c u_{s\beta}^{N}(s) - \omega_c u_{s\beta}^{P}(s) + \omega' u_{s\alpha}^{P}(s) \\ u_{s\alpha}^{N}(s)s = \omega_c u_{s\alpha}(s) - \omega_c u_{s\alpha}^{P}(s) - \omega_c u_{s\alpha}^{N}(s) + \omega' u_{s\beta}^{N}(s) \\ u_{s\beta}^{N}(s)s = \omega_c u_{s\beta}(s) - \omega_c u_{s\beta}^{P}(s) - \omega_c u_{s\beta}^{N}(s) - \omega' u_{s\alpha}^{N}(s) \end{cases} \tag{3-58}$$

将式（3-58）通过拉氏变换转化到时域数学模型

$$\begin{cases} \dot{u}_{s\alpha}^{P} = \omega_c u_{s\alpha} - \omega_c u_{s\alpha}^{N} - \omega_c u_{s\alpha}^{P} - \omega' u_{s\beta}^{P} \\ \dot{u}_{s\beta}^{P} = \omega_c u_{s\beta} - \omega_c u_{s\beta}^{N} - \omega_c u_{s\beta}^{P} + \omega' u_{s\alpha}^{P} \\ \dot{u}_{s\alpha}^{N} = \omega_c u_{s\alpha} - \omega_c u_{s\alpha}^{P} - \omega_c u_{s\alpha}^{N} + \omega' u_{s\beta}^{N} \\ \dot{u}_{s\beta}^{N} = \omega_c u_{s\beta} - \omega_c u_{s\beta}^{P} - \omega_c u_{s\beta}^{N} - \omega' u_{s\alpha}^{N} \end{cases} \tag{3-59}$$

根据式（3-59）可以得出 ROR 实现的结构如图 3-21 所示。

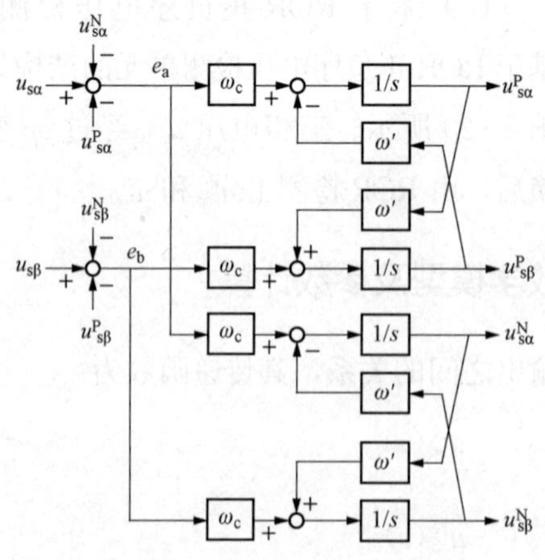

图 3-21　ROR 实现的结构图

本方法主要是通过静止坐标系 $\alpha\beta$ 分量之间的相位相差 90°来实现复数 j 的，从而实现了降价谐振调节器解耦的目的。由于本滤波器不需要太多的坐标变换，所以可以快速且准确地提取出电网电压正序分量和负序分量。改变 ω' 值的大小可以改变理想的滤波器带通频率，改变 ω_c 值的大小可以改变理想滤波器的带宽。

（2）参数 ω_c 的选取。根据式（3-59）建立状态空间模型为

$$\dot{u}_{s\alpha\beta}^{PN}(t) = A(t)u_{s\alpha\beta}^{PN}(t) + B(t)u(t) \tag{3-60}$$

式中，$u_{\alpha\beta}^{PN} = [u_{s\alpha}^{P} \ \ u_{s\beta}^{P} \ \ u_{s\alpha}^{N} \ \ u_{s\beta}^{N}]^T$；$u(t) = [u_{s\alpha} \ \ u_{s\beta}]^T$；

$$A(t)=\begin{bmatrix}-\omega_c & -\omega' & -\omega_c & 0\\ \omega' & -\omega_c & 0 & -\omega_c\\ -\omega_c & 0 & -\omega_c & \omega'\\ 0 & -\omega_c & -\omega' & -\omega_c\end{bmatrix};\ B(t)=\begin{bmatrix}\omega_c & 0\\ 0 & \omega_c\\ \omega_c & 0\\ 0 & \omega_c\end{bmatrix}。$$

式（3-60）的解为

$$u_{s\alpha\beta}^{PN}(t)=e^{A(t-t_0)}u_{s\alpha\beta}^{PN}(t_0)+\int_{t_0}^{t}e^{A(t-\tau)}Bu(\tau)d\tau \tag{3-61}$$

从式（3-61）中可以看出 ROR 输出信号是由两部分组成，分别是稳态分量和暂态分量，其中后半部分（暂态分量）主要由 ω_c 决定，前半部分（稳态分量）可以表示为

$$\begin{bmatrix}u_{s\alpha}^{P}\\ u_{s\beta}^{P}\\ u_{s\alpha}^{N}\\ u_{s\beta}^{N}\end{bmatrix}=\begin{bmatrix}u_m^P\sin\omega' t\\ -u_m^P\cos\omega' t\\ u_m^N\sin(-\omega' t)\\ -u_m^N\cos(-\omega' t)\end{bmatrix} \tag{3-62}$$

由式（3-62）可以看出，ROR 可以将不平衡电压中正序和负序分量提取出来。从上述的分析可知，当电网电压频率一定的情况下，ROR 是可以精确地将电压的正序和负序分量分离出来的，但是实际的应用当中会出现微小的偏移和波动。为了减小偏移和波动，需要设置 ROR 的参数值，并实现自适应调节。

ROR 在暂态情况下主要受到 ω_c 值大小的影响，为了使 ROR 具有较好的动态响应和较好的解耦的效果，必须对 ω_c 的值进行选取，这里采用特征值法选取 ω_c。

闭环系统的特征方程为

$$|\lambda I-A|=0 \tag{3-63}$$

式中：A 为系数矩阵；λ 为特征根；I 为单位矩阵。

解方程，可得到闭环系统的极点，图 3-22 为闭环系统主导极点的根轨迹曲线。由图 3-22 可以看出，当 ω_c 大于 10rad/s 后，闭环极点位于左半平面，系统稳定。ω_c 在 10～314rad/s 时，随着 ω_c 的增大，主导闭环极点离虚轴越来越远，系统的动态响应速度就越快；当 ω_c 大于 314rad/s 后主导极点离虚轴越来越近，说明系统的动态响应速度越慢，所以选取 ω_c=314rad/s。

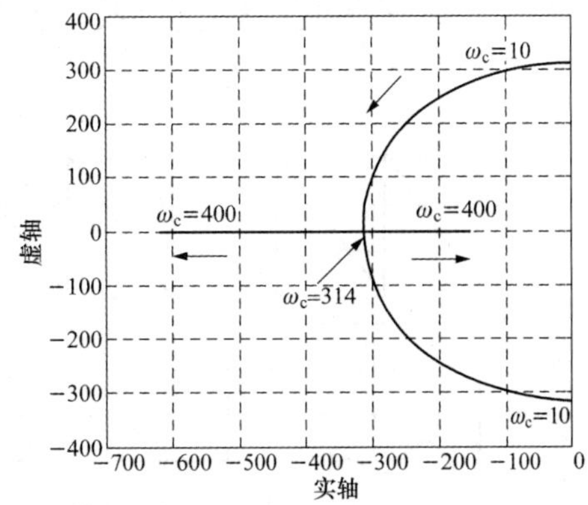

图 3-22　闭环系统主导极点的根轨迹曲线

3.5.3　基于 ROR NFLL 锁相环总体结构

基于 ROR NFLL 锁相环总体结构如图 3-23 所示，主要包括降阶谐振调节器（ROR）模块、标准化锁频环（NFLL）和 SSRF SPLL。

该锁相环采用 ROR 分离不平衡电压中的正负序电压，消除电压不平衡对检测相位的影响；采用 NFLL 检测电压频率信号，作为 ROR

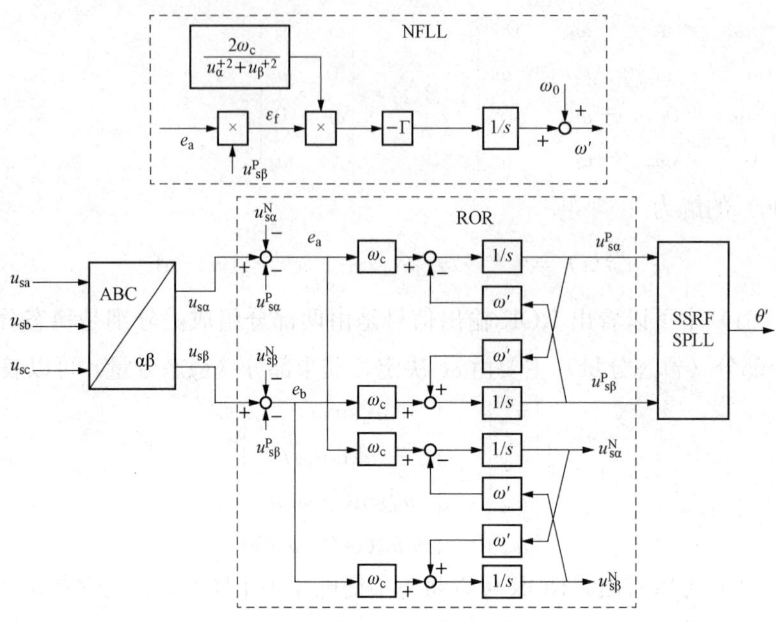

图 3-23　基于 ROR NFLL 锁相环总体结构

的输入频率，使 ROR 具有频率自适应性，在电压频率变化时，也可以准确锁定相位。最后通过 SSRF SPLL 锁定正序电压相位。

3.5.4　ROR NFLL SPLL 仿真结果

在 PSCAD/EMTDC 环境下建立仿真模型，ROR NFLL 的参数为 $\omega_c=314\text{rad/s}$，$\Gamma=100$。分别对电压不平衡、频率突变、含谐波情况进行仿真，仿真条件与第 3.3.3 节中相同，仿真结果如图 3-24 所示。

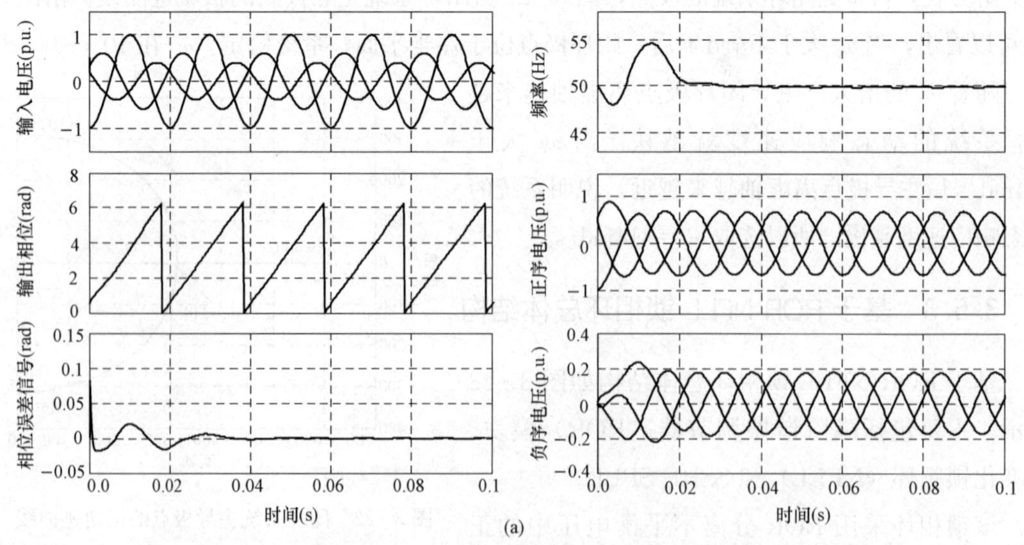

图 3-24　基于 ROR NFLL 锁相环的仿真结果（一）

(a) 电压不平衡情况

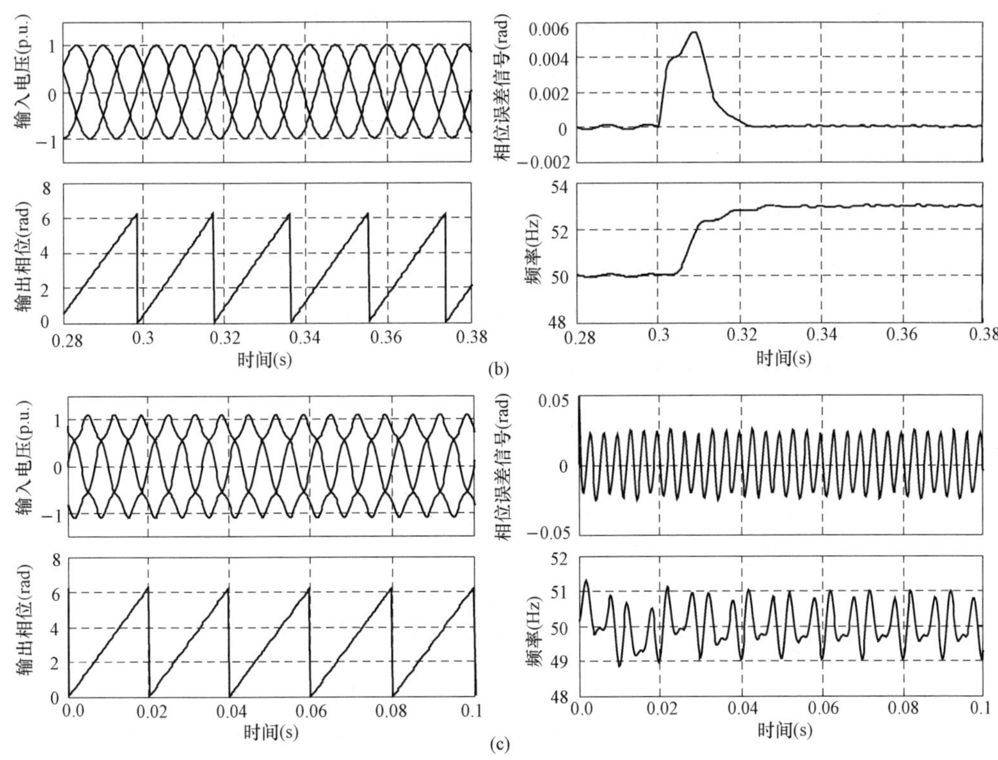

图 3-24 基于 ROR NFLL 锁相环的仿真结果（二）

（b）电网频率突变到 53Hz；（c）加入 10%的 5 次谐波

由图 3-24 中可以看出：①在电网电压不平衡情况下，基于 ROR NFLL 锁相环采用降阶谐振器检测正负序电压，因而消除电压不平衡的影响，大约 40ms 锁定正序电压相位，锁频环大约 30ms 锁定电网电压频率信号；②电网频率突变到 53Hz 时，因采用锁频环检测电压频率，所以大约 25ms 重新锁定相位和频率信息，具有很好的频率自适应性；③电压中含有 10%的 5 次谐波时，该锁相环对谐波具有一定的抑制作用。

3.6 锁相环的实验研究

3.6.1 实验系统

实验系统（图 3-25）由三相电压检测与调理电路 SEED-DEC2812、计算机及测量与显示模块组成。其中，DSP TMS320F2812 嵌入式控制模板 SEED-DEC2812 主要用来实现三相电压的采样、A/D 转换、锁相环的控制程序及相位的 D/A 输出功能；电压检测和调理电路用来检测实验室三相交流电压，并将其转换为满足数据信号处理器 TMS320F2812 输入

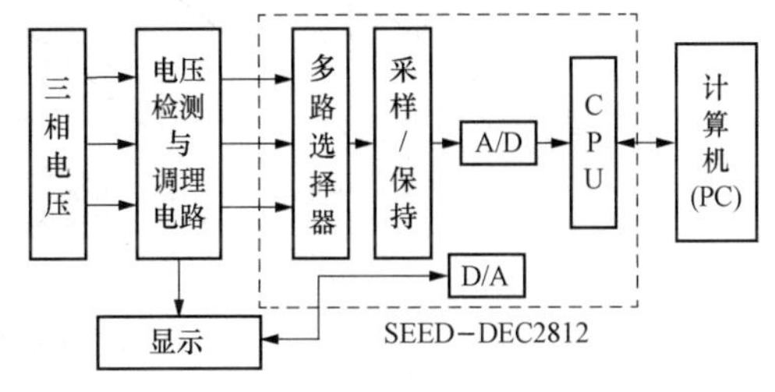

图 3-25 实验系统

要求的电压信号。系统软件设计是对控制算法的数字实现，为了保证算法的实时性，应使算法尽量优化，减少计算量，利用定时器中断来实现，采样周期为 50μs。

3.6.2 实验结果

（1）SSRF SPLL 实验结果。SSRF SPLL 实验波形如图 3-26 所示。从图 3-26（a）和（c）可以看出，在电压不平衡和电网电压单相接地情况下，SSRF SPLL 的 u_{sq} 中含有二次谐波，引起输出相位波形畸变，不能准确地锁定相位；由图 3-26（b）可知，由于 SSRF SPLL 有低通滤波的功能，对谐波有一定抑制作用。

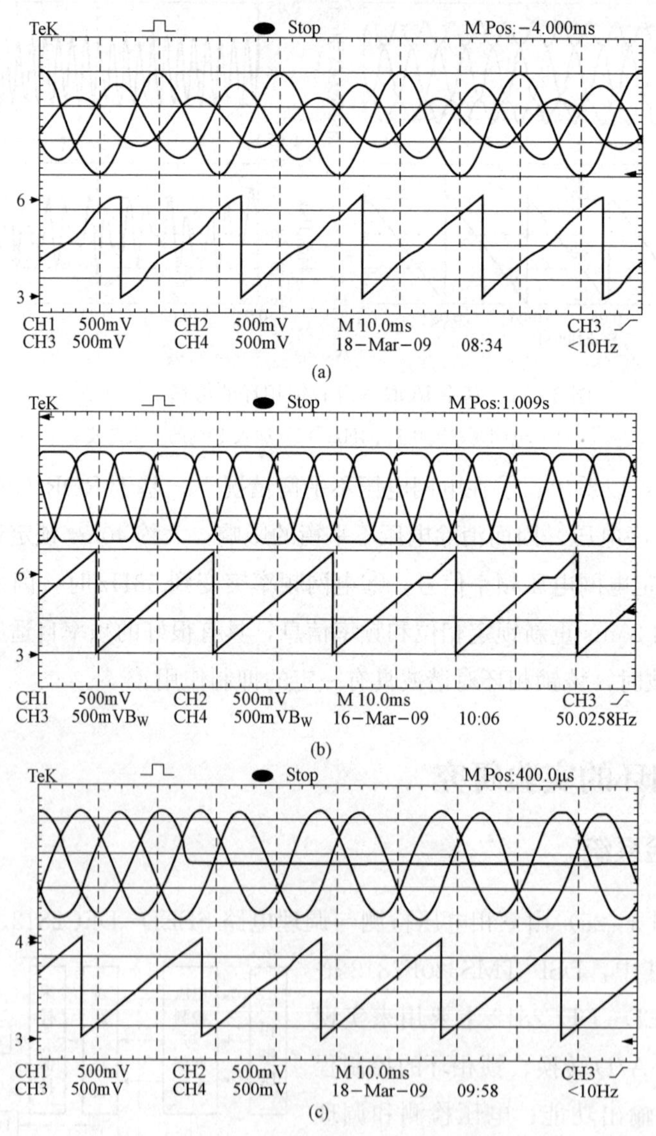

图 3-26　SSRF SPLL 的实验波形

（a）电压不平衡；（b）电压畸变；（c）单相接地

(2) DSRF SPLL 实验结果。DSRF SPLL 实验波形如图 3-27 所示。在三相电压不平衡情况下，DSRF SPLL 采用双同步 dq 变换和解耦计算能够将不平衡电压中的正序分量和负序分量分离，从而完全消除负序电压分量的影响，快速、准确地锁定正序电压分量相位；当电压含有谐波而发生畸变时，DSRF SPLL 对谐波有较强的抑制作用，对输出相位波形基本没有影响。当发生单相接地，DSRF SPLL 能够正确、快速锁定相位，具有很好的动态性能。总之，实验结果验证了 DSRF SPLL 在电网存在不平衡、畸变及发生故障时仍具有良好的锁相性能。

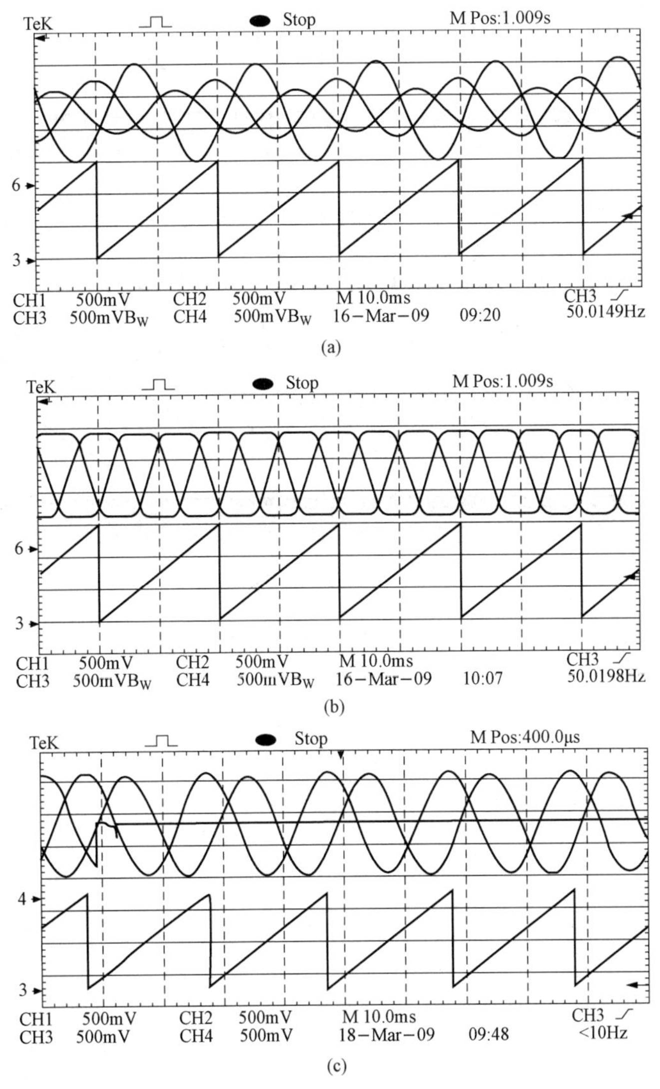

图 3-27 DSRF SPLL 的实验波形

(a) 电压不平衡；(b) 电压畸变；(c) 单相接地

(3) MPLL SPLL 实验结果。MPLL SPLL 实验波形如图 3-28 所示。在电压不平衡的情况下，SRF PLL 的 q 分量中含有二次谐波，导致输出相位波形发生畸变；改进型锁相环采用 2 个 MPLL 检测 $u_{s\alpha}$ 和 $u_{s\beta}$ 及其移相 90°的电压信号，通过正序电压计算单元提取不平衡电压中的正序分量，从而完全抑制负序电压分量的影响，因此能够准确地锁定正序电压的相位。

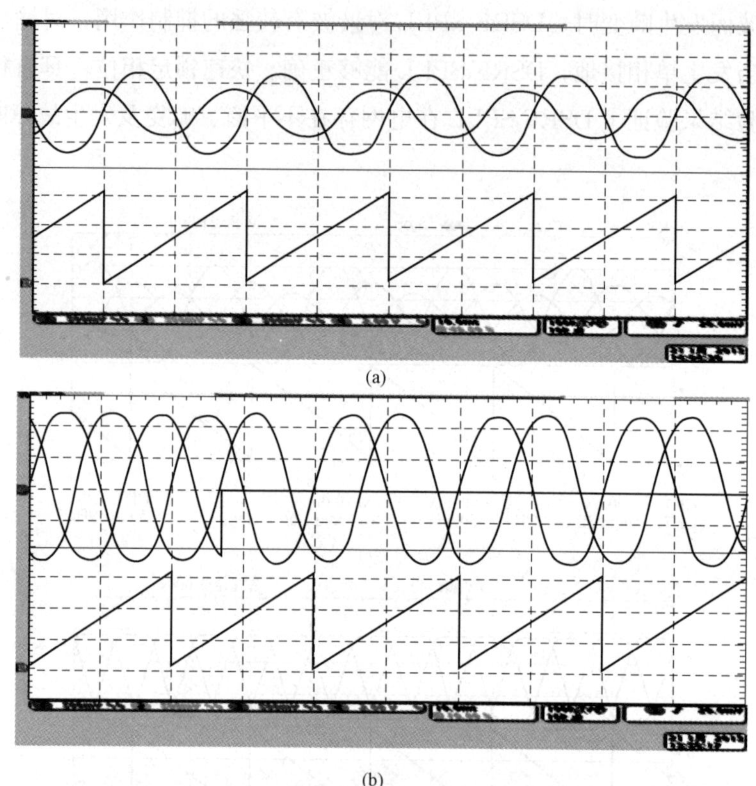

(a)

(b)

图 3-28　MPLL SPLL 的实验波形

(a) 电压不平衡；(b) 单相接地

4 电网故障情况下笼型风电机组 STATCOM 的控制策略研究

笼型风电场 STATCOM 采用常规矢量控制策略主要存在以下两方面问题：一方面，电网故障清除后，PCC 电压恢复过程中，STATCOM 输出最大无功电流，PCC 电压和发电机转速快速恢复到故障前状态，导致发电机产生较高的瞬时电磁转矩，增加了传动装置的转矩应力，减少其使用寿命；另一方面，当 PCC 电压不平衡时，其负序电压分量几乎被短路，导致很大的负序电流流过 STATCOM 装置，引起其过电流，严重影响其输出性能，甚至因为过电流保护而使 STATCOM 退出运行。针对上述问题，本章研究 STATCOM 的间接转矩控制、电压负序前馈控制和统一控制三种控制策略，系统拓扑结构如图 2 - 1 所示。

（1）针对电网故障清除后发电机产生较高的瞬时电磁转矩问题，给出基于矢量控制的间接转矩控制策略。根据故障清除后系统稳态等效电路推导出给定电磁转矩下 PCC 电压的转差率函数关系式，将此 PCC 电压作为电压控制外环的 PCC 参考电压，故障恢复期间，通过控制 STATCOM 输出或吸收无功功率使 PCC 电压按转差率函数关系恢复，从而间接控制发电机电磁转矩。给出控制系统框图，建立仿真模型，对理论分析的内容进行仿真研究，仿真结果验证了理论分析和控制策略的正确性。最后，分析了轴系动态特性对控制性能的影响。

（2）针对 PCC 电压不平衡情况下，负序电压引起 STATCOM 过电流问题，给出了基于常规矢量控制的负序电压前馈控制策略。这种控制策略使 STATCOM 输出一个与 PCC 不平衡电压中的负序分量大小相等、相位相同的负序电压，有效地解决了其过电流问题，提高了 STATCOM 在电压不平衡条件下运行的安全性和可靠性。最后通过仿真验证了该控制策略的有效性。

（3）结合以上两种控制策略，给出了笼型风电场 STATCOM 的统一控制策略，并对其进行了仿真研究，结果表明，当 PCC 电压不平衡时，STATCOM 输出电流为三相平衡电流，有效地抑制 STATCOM 过电流；当电网故障清除后，电压恢复过程中，发电机转矩被控制在参考转矩附近，有效地抑制了较高的瞬时转矩，从而验证了所给出的统一控制策略的正确性和有效性。

4.1 电网故障情况下 STATCOM 的间接转矩控制策略

齿轮箱和风轮轴作为风力机传递动力的部件，是大型风电机组的重要组件。齿轮箱低速轴连接风轮轴，而高速轴连接发电机，在运行期间同时承受静、动载荷。其中动态载荷部分取决于风轮和发电机的转矩特性，传动轴和联轴器的质量、刚度、阻尼值及发电机的外部工作条件。

STATCOM 能提高风电场的低电压穿越能力，而且 STATCOM 容量越大，低电压穿越能力越强，但导致电压恢复过程中发电机瞬态最大转矩越高，相应的齿轮箱和风轮轴的传动装置承受很大的机械应力，容易造成传动装置特别是齿轮箱的损坏，而风力发电系统一般要求齿轮箱使用寿命为 20 年。

针对电压恢复过程中发电机瞬态最大转矩较高这个问题，可采用笼型风电场 STATCOM 的基于矢量控制的间接转矩控制策略。根据故障清除后 PCC 电压恢复过程中系统的等效电路推导出 PCC 电压与发电机电磁转矩和转差率之间的函数关系式，如果电磁转矩一定，那么 PCC 电压只是转差率的函数，将这个 PCC 电压函数作为 STATCOM 电压环的 PCC 参考电压，通过控制 PCC 电压和 STATCOM 输出或吸收无功功率，间接控制发电机电磁转矩接近参考转矩。

4.1.1 基本原理

通常情况下，在电网故障期间及故障清除后，控制 STATCOM 输出最大无功电流直到 PCC 电压基本恢复为正常值，这将导致发电机在减速过程中产生较大的瞬时电磁转矩。如果当转速减小到稳定范围内并确保系统稳定的时刻以后，减小 STATCOM 输出的无功功率，就可以防止产生较大的瞬时转矩。

由式（2-8）可以得到发电机转子电流与电磁转矩之间的关系为

$$|\dot{I}_2|=\sqrt{\frac{12T_e s}{R_r}} \tag{4-1}$$

根据故障清除后系统等效电路（图 2-2）和式（2-7）可以得

$$|\dot{U}_1|=|\dot{I}_2|\times\left|\frac{(z_{eq2}+jX_{T1})\times Z_{eq1}\times\left[\frac{R_r}{s}+j(X_r+X_m)\right]}{Z_{eq2}\times jX_m}\right| \tag{4-2}$$

将式（4-1）代入式（4-2）得

$$|\dot{U}_1|=\sqrt{\frac{12T_e s}{R_r}}\times\left|\frac{(z_{eq2}+jX_{T1})\times Z_{eq1}\times\left[\frac{R_r}{s}+j(X_r+X_m)\right]}{Z_{eq2}\times jX_m}\right| \tag{4-3}$$

由式（4-3）可以看出，如果发电机电磁转矩一定，那么 $|\dot{U}_1|$ 只是转差率的函数。设

T_e^* 为发电机的参考转矩，则

$$|\dot{U}_1^*| = \sqrt{\frac{12T_e^* s}{R_r}} \times \left| \frac{(z_{eq2} + jX_{T1}) \times Z_{eq1} \times \left[\frac{R_r}{s} + j(X_r + X_m)\right]}{Z_{eq2} \times jX_m} \right| \tag{4-4}$$

$\dot{U}_1$ 为 STATCOM 的输出电压，即 PCC 电压。取 STATCOM 常规矢量控制策略中 PCC 参考电压 U_{PCC}^* 为下式，则

$$U_{PCC}^* = |\dot{U}_1^*| \tag{4-5}$$

电网故障清除后电压恢复期间，发电机运行在高速范围内，如果 PCC 电压控制外环的参考电压采用式（4-4）计算，这样就可以间接控制发电机电磁转矩为参考转矩值。

4.1.2 控制器结构

根据式（4-4）和式（4-5）可以得到 PCC 电压跌落时笼型风电场 STATCOM 的基于矢量控制的间接转矩控制策略，如图 4-1 所示。它包括转矩控制和常规矢量控制两部分，图中 n_g 为发电机转速，T_e^* 为给定的参考转矩。在 STATCOM 正常运行情况下，PCC 参考电压 U_{PCC}^* 为 1p.u.，转矩控制不起作用；转矩控制只有在故障清除后电压恢复过程中电机高速运行范围内起控制作用，STATCOM 控制系统中电压控制环的 PCC 参考电压由式（4-4）计算，控制 PCC 电压按转差率函数关系恢复，间接控制发电机电磁转矩在允许的范围内运行。

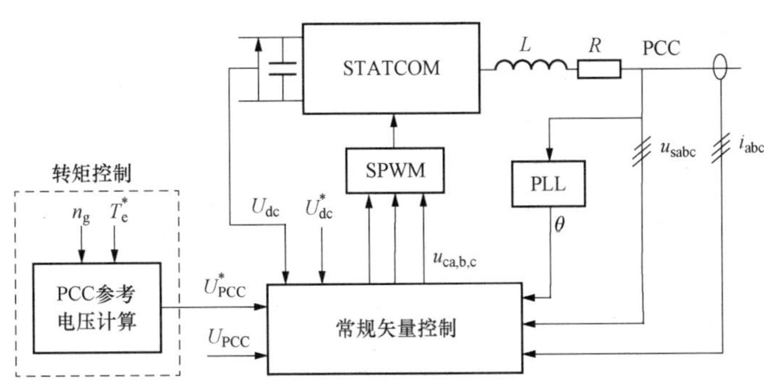

图 4-1　间接转矩控制策略框图

4.1.3 控制策略仿真

为了验证控制策略的正确性和有效性，在 PSCAD/EMTDC 软件环境下建立系统仿真模型，对常规矢量控制策略和本节所提出的基于矢量控制的间接转矩控制策略进行仿真研究。当 $t=3s$ 时，系统发生三相短路故障，取给定发电机电磁转矩 $T_e^*=1.2$p.u.，仿真波形如图 4-2 所示。

从仿真波形图中可以看出：

（1）故障发生前，系统处于正常状态，PCC 电压为 1p.u.，基于矢量控制的间接转矩控制策略中的 PCC 参考电压 U_{PCC}^* 为 1p.u.，转矩控制等同于常规矢量控制，STATCOM 运

行在正常状态。

（2）故障发生期间，发电机电磁转矩接近零，在风力机机械转矩的作用下，转速几乎线性增加；由于 PCC 电压大幅降落，两种控制策略下，STATCOM 都输出最大无功电流。

（3）故障清除后，发电机开始减速，电磁转矩开始上升，发电机转矩小于参考转矩之前，两种控制策略下，STATCOM 运行状态相同，输出最大无功电流。

（4）采用常规矢量控制策略时，当发电机转矩大于参考转矩后，STATCOM 输出最大无功功率，直到 PCC 电压几乎恢复到故障前额定值。在电压恢复过程中，发电机产生较高的瞬态电磁转矩，大约为 1.6p.u.。

（5）采用基于矢量控制的间接转矩控制策略时，当发电机转矩大于参考转矩后，电压控制环的 PCC 参考电压值由式（4-4）计算的电压值决定，直到发电机转速恢复到接近故障前初始转速和 PCC 电压接近 1p.u.，控制 PCC 电压按此函数曲线恢复。而当 PCC 电压接近 1p.u. 之后，间接转矩控制变为常规矢量控制，PCC 参考电压 U_{PCC}^* 为 1p.u.。在整个电压恢复过程中，发电机电磁转矩被限制在参考转矩附近，有效地限制了发电机较高的瞬态电磁转矩。为了限制电磁转矩，STATCOM 输出的无功电流是转速的函数，它吸收或输出无功功率，工作在感性或容性状态。

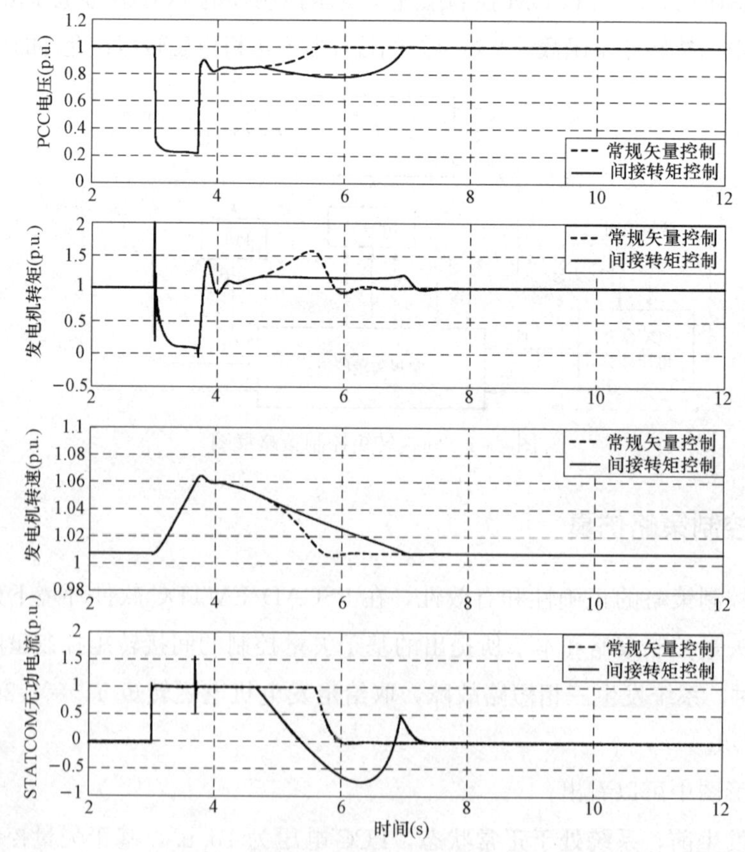

图 4-2　间接转矩控制策略的仿真波形

4.1.4 轴系动态特性对控制性能的影响

为了实现基于矢量控制的间接转矩控制策略在实际笼型风电场 STATCOM 控制中的工程应用，必须考虑发电机组的轴刚度系数和阻尼系数对控制策略的影响。轴系的两质量块模型如图 4-3 所示。

描述轴系两质量块模型的状态方程为

$$\begin{cases} 2H_m \dfrac{d\omega_m}{dt} = T_m - T_g - D_m\omega_m \\ 2H_g \dfrac{d\omega_g}{dt} = T_g - T_e - D_g\omega_g \\ \dfrac{d\theta_s}{dt} = \omega_0(\omega_m - \omega_g) \\ T_g = K_s\theta_s - D_s(\omega_g - \omega_m) \end{cases} \tag{4-6}$$

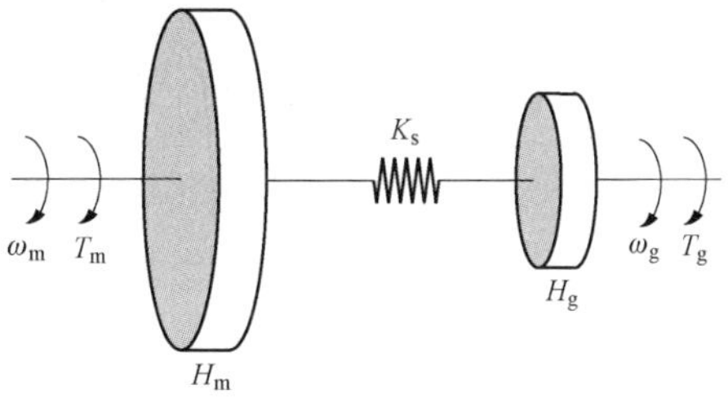

图 4-3 轴系的两质量块模型

式中：H_m 为风轮等效到发电机侧的惯性时间常数；H_g为发电机惯性时间常数；D_s、D_m 和 D_g 为轴、风轮和发电机转子的阻尼系数；T_m为风轮的机械转矩；T_g为发电机转子轴上的机械转矩；T_e为发电机的电磁转矩；ω_0为电网基准系统转速；ω_m和 ω_g为风轮和发电机的转速；K_s为轴刚度系数；θ_s 为轴的扭转角。

为了研究轴刚度系数和阻尼系数对所提出的控制策略的影响，轴系采用式（4-6）的两质量块模型，分别对常规矢量控制策略和基于矢量控制的间接转矩控制策略进行仿真研究。当 $t=3s$ 时，系统发生三相短路故障，取给定发电机电磁转矩 $T_e^*=1.2p.u.$，仿真结果如图 4-4 所示。

从仿真波形图中可以看出：

（1）故障清除后电压恢复过程中，与常规矢量控制策略相比，所提出的控制策略很好地限制发电机和风力机轴的转矩接近转矩参考值，减小了齿轮箱所承受的转矩应力。

（2）考虑轴刚度系数和阻尼系数，轴系采用两质量块模型描述时，当电网发生故障，由于轴系扭曲导致发电机转速波动，与常规矢量控制策略相比，基于矢量控制的间接转矩控制策略加剧了转速的波动。随着阻尼系数的减小，转速震荡加剧，阻尼系数小到一定程度，系统会变得不稳定。

（3）三相短路故障期间，两种控制策略下，STATCOM 都输出最大无功电流；故障清除后，常规矢量控制策略下，STATCOM 输出最大无功功率直到 PCC 电压基本恢复到故障前，但采用基于矢量控制的间接转矩控制策略时，STATCOM 工作状态在容性和感性之间变换，这是由所计算的 PCC 参考电压变化决定的。

总之，考虑轴系动态性能时，虽然基于矢量控制的间接转矩控制策略加剧了转速的波动，但是发电机和风力机轴的转矩很好地被限制在参考值附近，减小了齿轮箱所承受的机械应力。

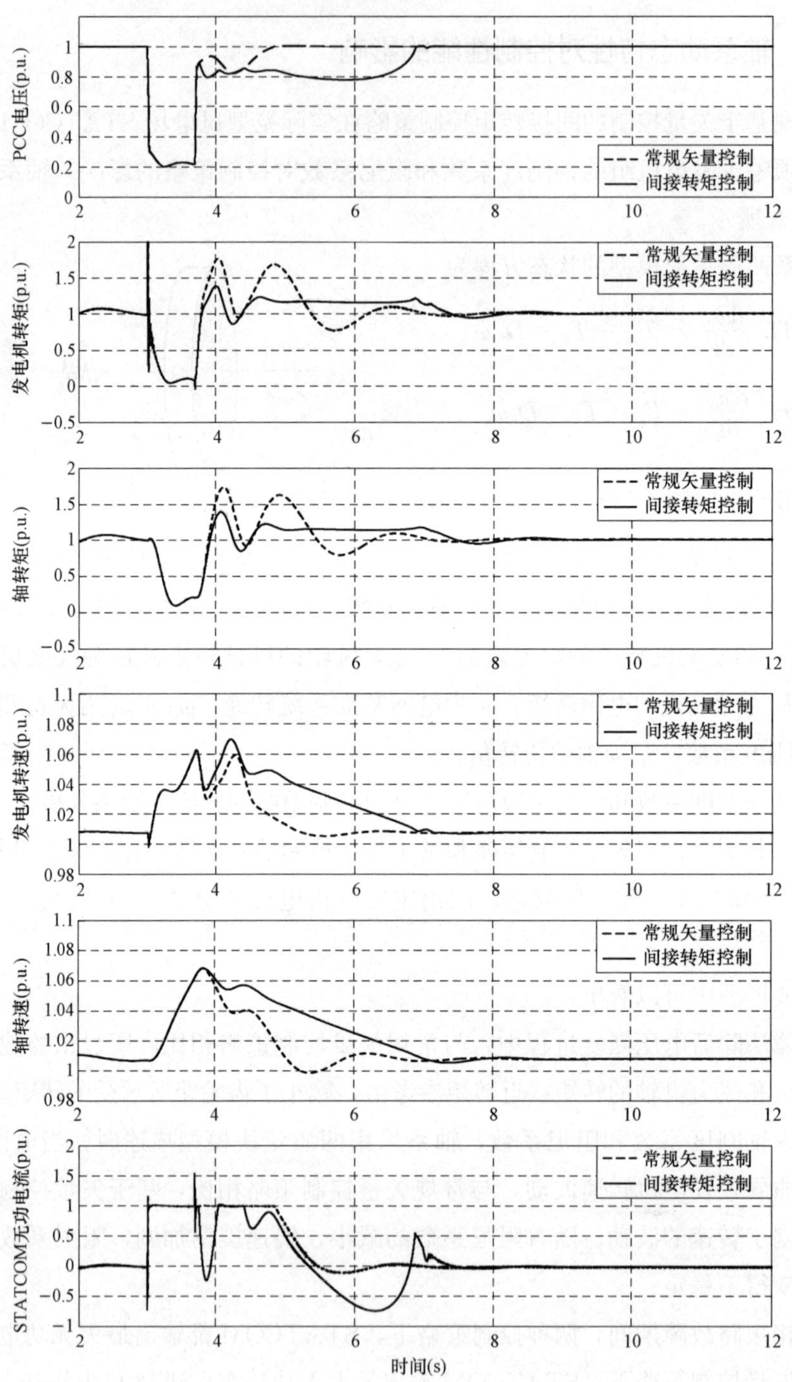

图 4-4　考虑两质量块模型的仿真波形

4.2　电压不平衡情况下 STATCOM 的负序电压前馈控制策略

电网电压不平衡主要由电网中的不对称故障、三相负载不平衡和大容量单相负载的使用等原因引起的，所以在 STATCOM 装置运行过程中，各种不平衡是在所难免的。在 PCC 三相电压不平衡条件下，当 STATCOM 采用常规矢量控制等对称控制策略时，不平衡电压对其运行的主要影响有：不平衡电压中的负序分量对 STATCOM 装置来说几乎被短路，导致很大的负序电流流过，引起 STATCOM 过电流，严重影响其输出性能，甚至因为过保流保护而使 STATCOM 退出运行；电压不平衡引起 STATCONM 直流侧电容两端电压含 2 倍频的电压波动，直流侧电容电压的波动引起 STATCOM 逆变器的交流侧输出电压不仅包括正序分量，还含有负序分量和三次谐波分量，影响 STATCOM 的输出性能。因此，进一步研究电压不平衡情况下 STATCOM 的控制策略，对笼型风电场 STATCOM 在 PCC 电压不平衡下安全、可靠运行具有重要的实际意义。

为了保证 STATCOM 在正常和故障条件下安全、可靠地运行，本节研究 PCC 电压不平衡情况下笼型风电场 STATCOM 基于矢量控制的负序电压前馈控制策略，使流过 STATCOM 的负序电流为零，从而有效地抑制因负序电压引起的 STATCOM 过电流及改善其输出性能。

4.2.1 基本原理

(1) PCC 电压不平衡情况下的基本问题。如果只考虑 PCC 不平衡电压的基波电压分量，则 PCC 电压 $\boldsymbol{u}_s$ 可描述为正序电压分量 $\boldsymbol{u}_s^P$、负序电压分量 $\boldsymbol{u}_s^N$ 和零序电压分量 $\boldsymbol{u}_s^0$ 三者的合成，即

$$\boldsymbol{u}_s = \boldsymbol{u}_s^P + \boldsymbol{u}_s^N + \boldsymbol{u}_s^0 \tag{4-7}$$

对于三相无中线连接的三相 STATCOM 逆变器，一般不考虑零序电压分量的影响。为了简化分析，假设 STATCOM 交流侧输出电压只含正序基波分量，则三相 STATCOM 交流侧正序和负序电压分量的等效电路如图 4-5 所示。

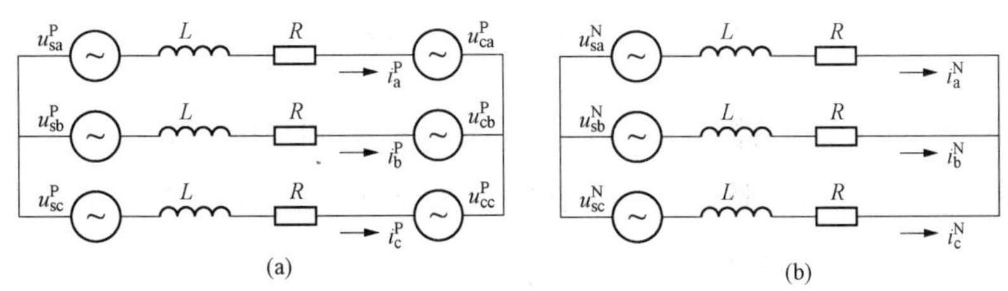

图 4-5 PCC 电压不平衡时 STATCOM 系统等效电路

(a) 正序等效电路；(b) 负序等效电路

当 STATCOM 输出只含正序电压分量时，其正序电压 $\boldsymbol{u}_c^P$ 与 PCC 的正序电压 $\boldsymbol{u}_s^P$ 作用，产生正序电流 i^P；而当 R 和 L 较小时，负序电压 $\boldsymbol{u}_s^N$ 几乎被短路，从而产生很大的负序电流 i^N，严重时，将导致 STATCOM 过电流，甚至烧坏 STATCOM 装置。

(2) 基本原理。针对上述电压不平衡时采用对称控制 STATCOM 存在的问题，采用负

序电压前馈控制策略来抑制 STATCOM 逆变器的负序电流。采用负序电压前馈控制时的负序电压等效电路如图 4-6 所示。

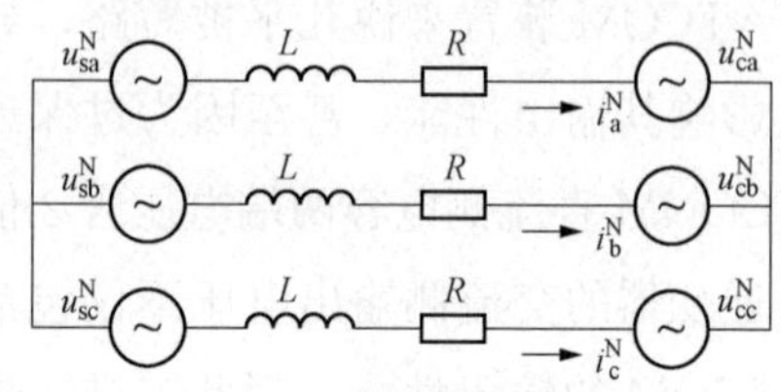

图 4-6 负序电压等效电路

通过采用不平衡控制策略，让 STATCOM 输出一个与 PCC 不平衡电压的负序电压分量 $\boldsymbol{u}_s^N$ 大小相等而且相位相同的负序电压分量 $\boldsymbol{u}_c^N$，使流过 STATCOM 逆变器的负序电流为零，达到抑制负序电流的目的，从而保证在 PCC 电压不平衡条件下 STATCOM 的安全可靠地运行。

4.2.2 控制器结构

基于上述分析，基于矢量控制的负序电压前馈控制系统如图 4-7 所示。整个控制系统由常规矢量控制、负序电压前馈控制组成。

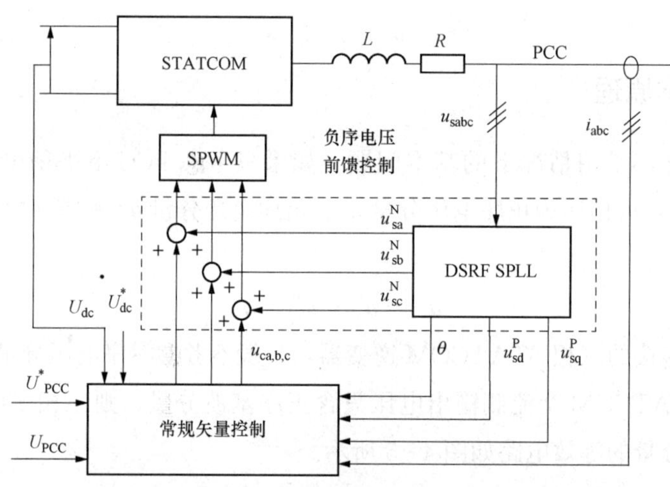

图 4-7 负序电压前馈控制策略框图

控制策略中，负序电压的检测是一个重要的环节，这里采用 DSRF SPLL 检测负序电压分量。DSRF SPLL 不仅锁定 PCC 电压中正序电压分量的相位，而且还能快速地检测出不平衡电压中的正序和负序电压分量。

常规矢量控制的作用是控制 PCC 电压和 STATCOM 直流侧电容电压为给定值；负序电压前馈控制的作用是使 STATCOM 产生一个与 PCC 电压中的负序电压分量大小相等相位相同的负序电压，从而使 STATCOM 流过的负序电流几乎为零，有效地抑制装置过电流。

4.2.3 控制策略仿真

为了验证本节理论分析和所提出控制策略的正确性，在 PCC 电压不平衡条件下，分别对 STATCOM 常规矢量控制策略和基于矢量控制的负序电压前馈控制策略进行仿真研究，当 C 相发生单相接地故障时仿真波形如图 4-8 所示。从图中可以看出，采用常规矢量控制时，STATCOM 输出电流为三相不平衡电流，含有负序电流；而采用负序电压前馈控制后，STATCOM 输出电流为三相平衡电流，而且输出电流的最大幅值比采用常规矢量控制时的电流幅值小，有效地抑制 STATCOM 过电流，从而保证其在电压不平衡情况下的可靠运行。

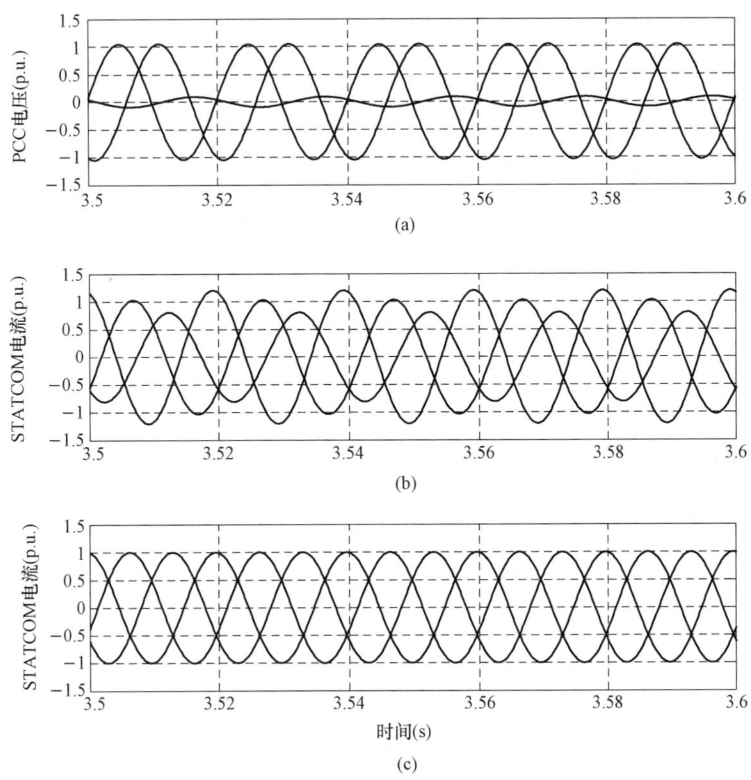

图 4-8　负序电压前馈控制策略仿真波形

(a) PCC 三相不平衡电压；(b) 常规矢量控制策略；(c) 负序电压前馈控制策略

4.3　STATCOM 的统一控制策略

4.3.1　控制器结构及原理

结合上述两种控制策略，笼型风电场中 STATCOM 统一控制策略的结构框图如图 4-9 所示。它主要包括转矩控制、负序电压前馈控制、DSRF SPLL 和常规矢量控制四个组成部分。

STATCOM 统一控制策略能够自动适应电压不平衡和电网故障，其工作原理为：在电网正常运行时，统一控制策略切换至正常模式，PCC 参考电压为 $U_{PCC}^{*}=U_{PCC1}^{*}=1\text{p. u.}$；

在电网发生三相电压跌落情况下，PCC参考电压为$U_{PCC}^*=U_{PCC1}^*=U_{PCC2}^*$；在三相电压不平衡情况下，$U_{PCC}^*=1$p. u.，负序电压前馈控制起作用，使STATCOM产生一个负序电压，其与PCC电压中的负序电压分量相同，从而使STATCOM流过的负序电流几乎为零，有效地抑制装置过电流；当电网故障清除后，PCC电压恢复为额定值1p. u. 前，PCC参考电压为$U_{PCC}^*=U_{PCC1}^*=U_{PCC2}^*$，电压控制环的PCC参考电压由PCC参考电压计算公式决定，发电机电磁转矩上升到转矩给定值时，转矩控制起作用，通过控制PCC电压恢复过程，控制STATCOM输出或吸收无功功率，间接控制发电机电磁转矩接近给定转矩，避免电网故障恢复后发电机产生较高的瞬态电磁转矩，起到保护传动装置的目的。DSRF SPLL主要作用为锁定PCC电压中正序电压分量的相位、快速地检测出不平衡电压中的正序和负序电压分量。常规矢量控制作用为控制PCC电压和STATCOM直流侧电容电压为给定值。

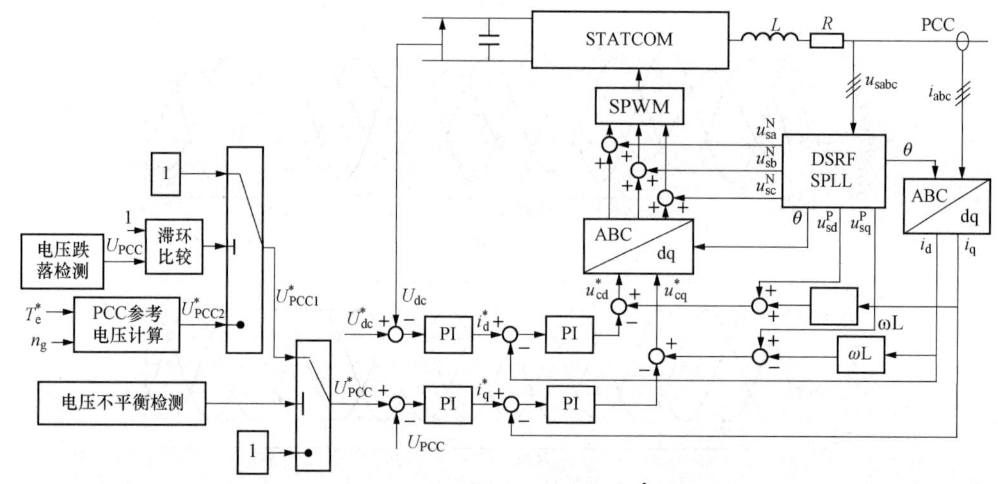

图4-9　STATCOM统一控制策略的结构框图

4.3.2　控制策略仿真

为了验证统一控制策略的正确性和有效性，分别在三相短路故障和PCC电压不平衡情况下对其进行了仿真研究。

（1）三相短路故障下的仿真结果。取发电机电磁转矩给定值为$T_e^*=1.2$p. u.，当$t=3$s时，系统发生三相短路故障，仿真波形如图4-10所示。

从图中可以看出：①常规矢量控制和统一控制策略下PCC电压曲线有所不同，在统一控制策略下，故障清除后发电机电磁转矩大于给定转矩，由于转矩控制的作用，控制PCC电压为转差率的函数，PCC电压恢复时间较长。②常规矢量控制下，最大电磁转矩约为1.6倍的额定转矩；而在统一控制策略下，转矩被限制在参考转矩1.2倍额定转矩附近，很好地限制了电压恢复过程中较高的电磁转矩现象。③统一控制策略下，电压恢复过程中，

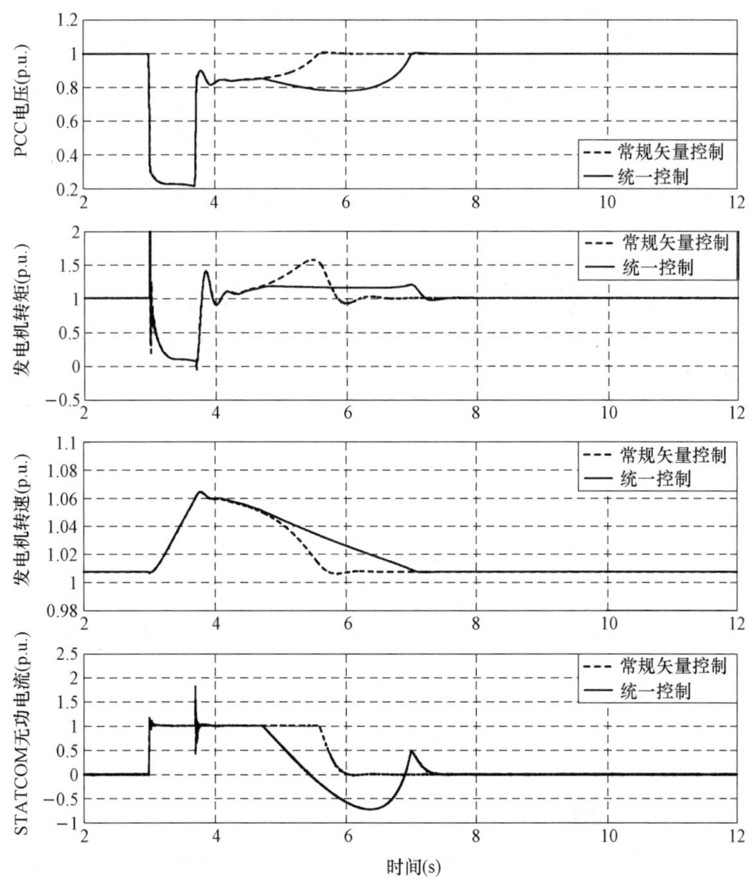

图 4-10　三相短路故障下的仿真波形

由于转矩控制的作用，电磁转矩几乎为常数，所以转速近似线性减小；而且发电机电磁转矩比常规矢量控制策略下小，转速下降比其慢。④常规矢量控制下，故障期间和恢复过程电流保持最大直到转速恢复为故障前；统一控制策略下，为了限制发电机转矩，STATCOM 电流在输出无功电流和吸收无功电流之间变换。

（2）PCC 电压不平衡情况下的仿真。取发电机电磁转矩给定值为 $T_e^*=1.2$p. u.，当 $t=3$s 时，系统发生 C 相单相接地故障，仿真结果如图 4-11 所示。

从图中可以看出：①发生单相短路故障期间，采用常规矢量控制时，STATCOM 输出电流为三相不平衡电流，含有负序电流，输出无功电流含二次谐波；而采用统一控制后，由于负序电压前馈控制的作用，STATCOM 输出电流为三相平衡电流，而且输出电流的最大幅值比采用常规矢量控制时的电流幅值小，有效地抑制 STATCOM 过电流。②故障清除后，采用常规矢量控制时，STATCOM 输出最大无功电流，PCC 电压快速恢复为故障前；当采用统一控制策略时，STATCOM 输出电流在输出无功电流和吸收无功电流之间变化，PCC 电压恢复过程变慢，直到电压恢复到故障前，PCC 参考电压变为 1p. u.，STATCOM 恢复正常控制状态。

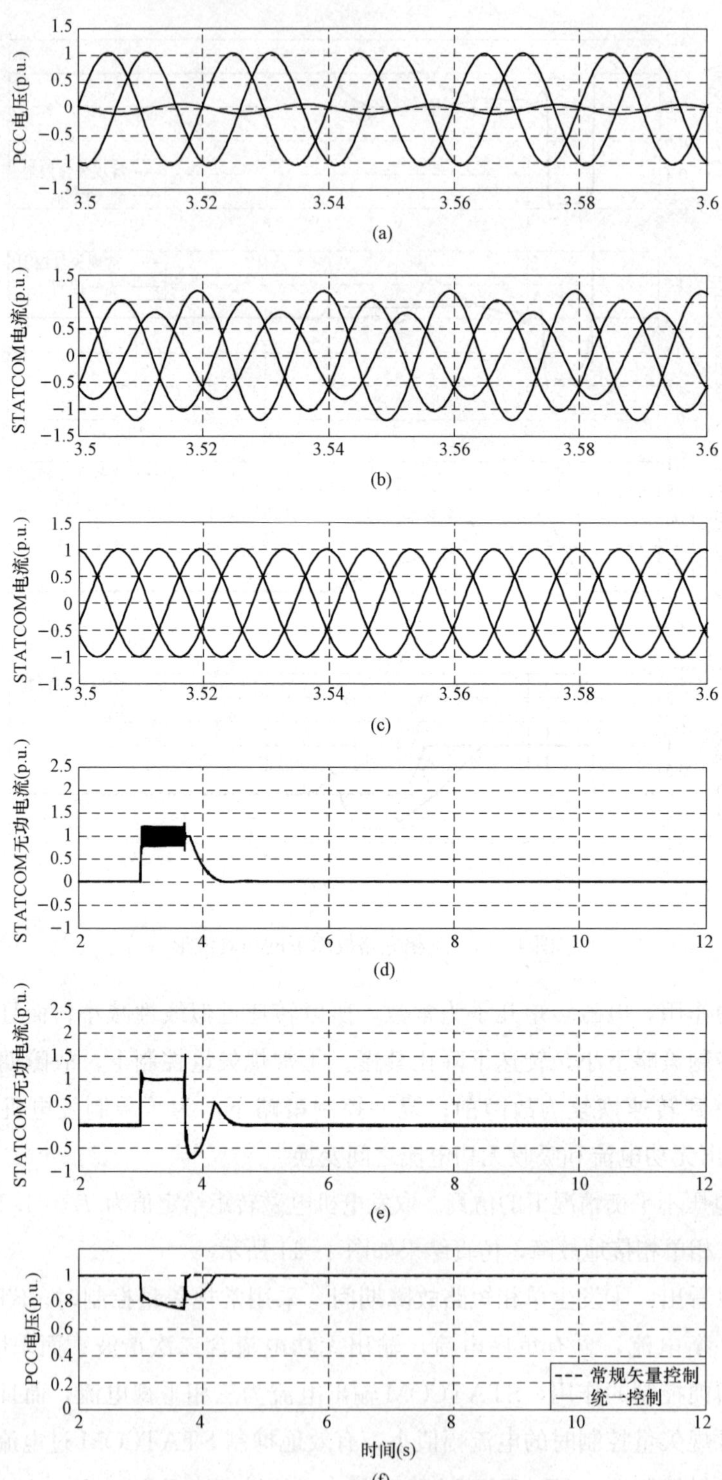

图 4-11　PCC 电压不平衡时的仿真波形

(a) PCC 三相电压；(b) 常规矢量控制策略下 STATCOM 电流；(c) 统一控制策略下 STATCOM 电流；(d) 常规矢量控制策略下 STATCOM 无功电流；(e) 统一控制策略下 STATCOM 无功电流；(f) PCC 电压

5 不平衡故障下 STATCOM 改善笼型风电机组动态转矩的机理分析与控制策略研究

电网中的不对称故障、三相负载不平衡和大容量单相负载的使用等引起 PCC 电压不平衡。不平衡电压中的负序电压引起笼型发电机电磁转矩的脉动，从而降低传动链的使用寿命。本章研究以下内容：

(1) 分析电压不平衡下发电机电磁转矩产生脉动的机理；建立 PCC 负序电压与 STATCOM 容量、故障点负序电压和故障点到 PCC 等效阻抗之间数学关系式，分析 STATCOM 减小发电机转矩脉动的机理。

(2) 研究笼型风电场 STATCOM 的正负序电压协调控制策略，负序电压控制外环控制 PCC 负序电压为零，正序电压和直流侧电压外环控制 PCC 正序电压和直流侧电压为给定值，当 STATCOM 的电流容量不足以同时补偿 PCC 正负序电压时，在维持直流侧电容电压恒定的基础上，优先控制负序电压为零，减小 PCC 电压的三相电压不平衡度，从而减小笼型发电机电磁转矩脉动，剩余的 STATCOM 电流容量控制 PCC 正序电压为给定值，电流内环采用 PI - R 调节器，同时控制正负序电流。在 PSCAD/EMTDC 环境下，建立包括风电场、STATCOM 和电网的仿真模型，系统拓扑结构如图 2 - 1 所示，参数见表 2 - 1，对两种不同程度的单相电压跌落及线路阻抗对补偿能力的影响进行仿真研究，仿真结果验证 STATCOM 改善笼型风电机组动态转矩机理分析和所提出的 STATCOM 正负序电压协调控制策略的正确性和有效性。

5.1 电压不平衡下笼型发电机动态转矩特性分析

在推导笼型发电机的数学模型时，根据能量流动的方向，定子侧绕组采用发电机惯例，转子侧绕组采用电动机惯例，即定子侧电流以流出为正，转子侧电流以流入为正。另外在以下分析过程中，均假设笼型发电机组的三相电路、磁路和电机参数处于对称状态。

5.1.1 电压平衡下笼型发电机数学模型

（1）笼型发电机在自然坐标系下数学模型。

1）电压方程。根据对发电机定子侧和转子侧规定的惯例，列写电压方程为

$$\begin{cases}\boldsymbol{U}_{\mathrm{s}}=-\boldsymbol{R}_{\mathrm{s}}\boldsymbol{I}_{\mathrm{s}}+p\boldsymbol{\psi}_{\mathrm{s}}\\ \boldsymbol{U}_{\mathrm{r}}=\boldsymbol{R}_{\mathrm{r}}\boldsymbol{I}_{\mathrm{r}}+p\boldsymbol{\psi}_{\mathrm{r}}\end{cases}\tag{5-1}$$

式中：$\boldsymbol{U}_{\mathrm{s}}=[u_{\mathrm{as}}\quad u_{\mathrm{bs}}\quad u_{\mathrm{cs}}]^{\mathrm{T}}$；$\boldsymbol{U}_{\mathrm{r}}=[0\quad 0\quad 0]^{\mathrm{T}}$；$\boldsymbol{I}_{\mathrm{s}}=[i_{\mathrm{as}}\quad i_{\mathrm{bs}}\quad i_{\mathrm{cs}}]^{\mathrm{T}}$；$\boldsymbol{I}_{\mathrm{r}}=[i_{\mathrm{ar}}\quad i_{\mathrm{br}}\quad i_{\mathrm{cr}}]^{\mathrm{T}}$；

$\boldsymbol{\psi}_{\mathrm{s}}=[\Psi_{\mathrm{as}}\quad \Psi_{\mathrm{bs}}\quad \Psi_{\mathrm{cs}}]^{\mathrm{T}}$；$\boldsymbol{\psi}_{\mathrm{r}}=[\Psi_{\mathrm{ar}}\quad \Psi_{\mathrm{br}}\quad \Psi_{\mathrm{cr}}]^{\mathrm{T}}$；$\boldsymbol{R}_{\mathrm{s}}=\begin{bmatrix}R_{\mathrm{s}}&0&0\\0&R_{\mathrm{s}}&0\\0&0&R_{\mathrm{s}}\end{bmatrix}$；$\boldsymbol{R}_{\mathrm{r}}=\begin{bmatrix}R_{\mathrm{r}}&0&0\\0&R_{\mathrm{r}}&0\\0&0&R_{\mathrm{r}}\end{bmatrix}$；

u_{as}、u_{bs}、u_{cs}为笼型发电机定子相电压；i_{as}、i_{bs}、i_{cs}、i_{ar}、i_{br}、i_{cr}为定子、转子相电流；Ψ_{as}，Ψ_{bs}，Ψ_{cs}，Ψ_{ar}，Ψ_{br}，Ψ_{cr}为定子、转子各相绕组磁链；R_{s}，R_{r}为定子、转子绕组等效电阻；p 表示对变量的微分。

2）磁链方程。笼型发电机矩阵形式的磁链方程为

$$\begin{cases}\boldsymbol{\psi}_{\mathrm{s}}=-\boldsymbol{L}_{11}\boldsymbol{I}_{\mathrm{s}}+\boldsymbol{L}_{12}\boldsymbol{I}_{\mathrm{r}}\\ \boldsymbol{\psi}_{\mathrm{r}}=-\boldsymbol{L}_{21}\boldsymbol{I}_{\mathrm{s}}+\boldsymbol{L}_{22}\boldsymbol{I}_{\mathrm{r}}\end{cases}\tag{5-2}$$

式中：$\boldsymbol{L}_{11}=\begin{bmatrix}L_{\mathrm{ms}}+L_{\mathrm{ls}}&-0.5L_{\mathrm{ms}}&-0.5L_{\mathrm{ms}}\\-0.5L_{\mathrm{ms}}&L_{\mathrm{ms}}+L_{\mathrm{ls}}&-0.5L_{\mathrm{ms}}\\-0.5L_{\mathrm{ms}}&-0.5L_{\mathrm{ms}}&L_{\mathrm{ms}}+L_{\mathrm{ls}}\end{bmatrix}$；$\boldsymbol{L}_{22}=\begin{bmatrix}L_{\mathrm{mr}}+L_{\mathrm{lr}}&-0.5L_{\mathrm{mr}}&-0.5L_{\mathrm{mr}}\\-0.5L_{\mathrm{mr}}&L_{\mathrm{mr}}+L_{\mathrm{lr}}&-0.5L_{\mathrm{mr}}\\-0.5L_{\mathrm{mr}}&-0.5L_{\mathrm{mr}}&L_{\mathrm{mr}}+L_{\mathrm{lr}}\end{bmatrix}$；

$\boldsymbol{L}_{12}=\boldsymbol{L}_{21}^{-1}=\boldsymbol{L}_{\mathrm{ms}}\begin{bmatrix}\cos\theta_{\mathrm{r}}&\cos(\theta_{\mathrm{r}}-120°)&\cos(\theta_{\mathrm{r}}+120°)\\\cos(\theta_{\mathrm{r}}+120°)&\cos\theta_{\mathrm{r}}&\cos(\theta_{\mathrm{r}}-120°)\\\cos(\theta_{\mathrm{r}}-120°)&\cos(\theta_{\mathrm{r}}+120°)&\cos\theta_{\mathrm{r}}\end{bmatrix}$；$L_{\mathrm{ms}}$、$L_{\mathrm{mr}}$分别为定子和转子绕组的互感；$L_{\mathrm{ls}}$、$L_{\mathrm{lr}}$分别为定子和转子漏感；$\theta_{\mathrm{r}}$ 为定子 A 相和转子 a 相的夹角。

（2）笼型发电机在旋转坐标系下数学模型。由于自然坐标系下笼型发电机磁链方程中的电感系数矩阵为时变系数矩阵，定子和转子之间的互感系数 $\boldsymbol{L}_{12}$、$\boldsymbol{L}_{21}$ 是转子位置角度 θ_{r} 的余弦函数，所以在自然坐标系下研究笼型发电机的电磁关系较为复杂，因此需要将自然坐标系下笼型发电机数学模型变换到旋转坐标系下数学模型。

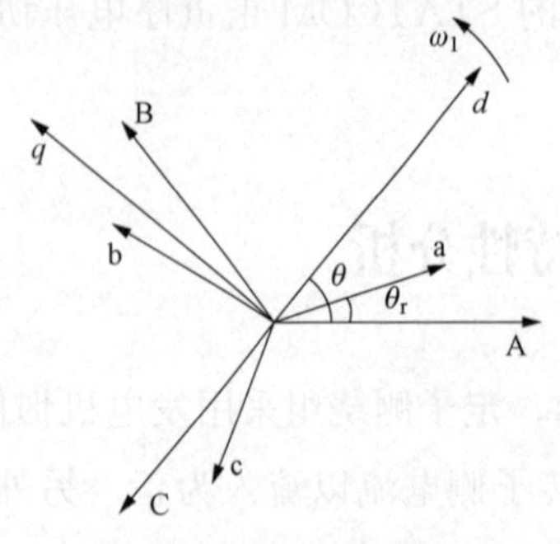

图 5-1 笼型发电机自然坐标系和旋转坐标系之间的关系

图 5-1 为笼型发电机自然坐标系和旋转坐标系之间的关系，其中，ABC 和 abc 分别表示定子三相静止坐标和以 ω_{r} 电角速度旋转的转子三相旋转坐标；dq 表示以同步电角速度 ω_1 旋转的 dq 坐标；θ 为 d 轴与 A 轴的夹角，且 $\theta=\omega_1 t$。

采用幅值不变的原则进行坐标变换，其中定子侧物

理量从自然坐标系变换到两相同步旋转坐标系的变换矩阵 $\boldsymbol{T}$ 为

$$\boldsymbol{T}=\frac{2}{3}\begin{bmatrix}\cos\theta & \cos(\theta-120^\circ) & \cos(\theta+120^\circ)\\ -\sin\theta & -\sin(\theta-120^\circ) & -\sin(\theta+120^\circ)\end{bmatrix} \tag{5-3}$$

由于 d 轴到 a 轴的夹角是 $\theta-\theta_r$，则转子侧物理量从 abc 坐标系变换到旋转坐标系的变换矩阵 $\boldsymbol{T}_r$ 为

$$\boldsymbol{T}_r=\frac{2}{3}\begin{bmatrix}\cos(\theta-\theta_r) & \cos(\theta-\theta_r-120^\circ) & \cos(\theta-\theta_r+120^\circ)\\ -\sin(\theta-\theta_r) & -\sin(\theta-\theta_r-120^\circ) & -\sin(\theta-\theta_r+120^\circ)\end{bmatrix} \tag{5-4}$$

将式（5-3）和式（5-4）中的变换矩阵 T 和 T_r 应用到自然坐标系下笼型发电机数学模型，得到在旋转 dq 坐标系下笼型发电机的数学模型。

1）旋转坐标系下的电压方程。将 $\boldsymbol{T}$、$\boldsymbol{T}^{-1}$ 应用到自然坐标系下的定子电压方程，有

$$\boldsymbol{TU}_s=\boldsymbol{T}(-\boldsymbol{R}_s\boldsymbol{I}_s)+T(p\boldsymbol{\psi}_s) \tag{5-5}$$

其中，$\boldsymbol{U}_{dqs}=\boldsymbol{TU}_s$；$\boldsymbol{T}(-\boldsymbol{R}_s\boldsymbol{I}_s)=-\boldsymbol{R}_s(T\boldsymbol{I}_s)=-\boldsymbol{R}_s\boldsymbol{I}_{dqs}$；

$\boldsymbol{T}(p\boldsymbol{\psi}_s)=p\boldsymbol{\psi}_{dqs}-p\boldsymbol{T}\boldsymbol{\psi}_s=p\boldsymbol{\psi}_{dqs}-(p\boldsymbol{T})\boldsymbol{T}^{-1}\boldsymbol{\psi}_{dqs}$。

设 $\boldsymbol{S}=-(p\boldsymbol{T})\boldsymbol{T}^{-1}$，则有

$$S=\frac{2p\theta}{3}\begin{bmatrix}\sin\theta & \sin(\theta-120^\circ) & \sin(\theta+120^\circ)\\ \cos\theta & \cos(\theta-120^\circ) & \cos(\theta+120^\circ)\end{bmatrix}\begin{bmatrix}\cos\theta & -\sin\theta\\ \cos(\theta-120^\circ) & -\sin(\theta-120^\circ)\\ \cos(\theta+120^\circ) & -\sin(\theta+120^\circ)\end{bmatrix}$$

$$=\begin{bmatrix}0 & -\omega_1\\ \omega_1 & 0\end{bmatrix}$$

则式（5-5）整理为

$$\boldsymbol{U}_{dqs}=-\boldsymbol{R}_s\boldsymbol{I}_{dqs}+p\boldsymbol{\psi}_{dqs}+\boldsymbol{S}\boldsymbol{\psi}_{dqs} \tag{5-6}$$

式中：$\boldsymbol{U}_{dqs}=[u_{ds}\quad u_{qs}]^T$；$\boldsymbol{I}_{dqs}=[i_{ds}\quad i_{qs}]^T$；$\boldsymbol{\psi}_{dqs}=[\Psi_{ds}\quad \Psi_{qs}]^T$；$u_{ds}$和 u_{qs}为定子的 dq 轴电压分量；i_{ds}和 i_{qs}为定子的 dq 轴电流分量；Ψ_{ds}和 Ψ_{qs}为定子的 dq 轴磁链分量。

根据在旋转坐标系下定子电压方程的推导过程，同理可以得到转子侧的电压方程为

$$\boldsymbol{0}=\boldsymbol{R}_s\boldsymbol{I}_{dqr}+p\boldsymbol{\psi}_{dqr}+\boldsymbol{S}_r\boldsymbol{\psi}_{dqr} \tag{5-7}$$

式中：$S_r=\begin{bmatrix}0 & -p(\theta-\theta_r)\\ -p(\theta-\theta_r) & 0\end{bmatrix}=\begin{bmatrix}0 & -\omega_2\\ \omega_2 & 0\end{bmatrix}$；$\omega_2$ 为转差角速度；$\omega_2=\omega_1-\omega_r$；$i_{dqr}$和 i_{qr}为转子的 dq 轴电流分量；ψ_{dr}和 ψ_{qr}为转子的 dq 轴磁链分量。

将式（5-6）和式（5-7）写成矩阵的分量形式，得到笼型发电机在旋转坐标系下的电压方程为

$$\begin{bmatrix}u_{ds}\\ u_{qs}\\ 0\\ 0\end{bmatrix}=\begin{bmatrix}-R_s & 0 & 0 & 0\\ 0 & -R_s & 0 & 0\\ 0 & 0 & R_r & 0\\ 0 & 0 & 0 & R_r\end{bmatrix}\begin{bmatrix}i_{ds}\\ i_{qs}\\ i_{dr}\\ i_{qr}\end{bmatrix}+p\begin{bmatrix}\Psi_{ds}\\ \Psi_{qs}\\ \Psi_{dr}\\ \Psi_{qr}\end{bmatrix}+\begin{bmatrix}-\omega_1\Psi_{qs}\\ \omega_1\Psi_{ds}\\ -\omega_2\Psi_{qr}\\ \omega_2\Psi_{dr}\end{bmatrix} \tag{5-8}$$

2）旋转坐标系下的磁链方程。将变换矩阵 $\boldsymbol{T}$ 和 $\boldsymbol{T}^{-1}$ 应用到定子侧磁链方程，有

$$\boldsymbol{T\psi}_{\mathrm{s}} = -\boldsymbol{TL}_{11}\boldsymbol{I}_{\mathrm{s}} + \boldsymbol{TL}_{12}\boldsymbol{I}_{\mathrm{r}} \tag{5-9}$$

式中，$\boldsymbol{\psi}_{\mathrm{dqs}}=\boldsymbol{T\psi}_{\mathrm{s}}$；$-\boldsymbol{TL}_{11}\boldsymbol{I}_{\mathrm{s}}+\boldsymbol{TL}_{12}\boldsymbol{I}_{\mathrm{r}}=-\boldsymbol{TL}_{11}\boldsymbol{T}^{-1}\boldsymbol{I}_{\mathrm{dqs}}+\boldsymbol{TL}_{12}\boldsymbol{T}^{-1}I_{\mathrm{dqr}}$；

$-\boldsymbol{TL}_{11}\boldsymbol{T}^{-1}=\begin{bmatrix}-L_{\mathrm{s}} & 0\\ 0 & -L_{\mathrm{s}}\end{bmatrix}$，$\boldsymbol{TL}_{12}\boldsymbol{T}^{-1}=\begin{bmatrix}L_0 & 0\\ 0 & L_0\end{bmatrix}$。

则式（5-9）整理为

$$\boldsymbol{\psi}_{\mathrm{dqs}} = -\boldsymbol{L}_{\mathrm{s}}\boldsymbol{I}_{\mathrm{dqs}} + \boldsymbol{L}_0\boldsymbol{I}_{\mathrm{dqr}} \tag{5-10}$$

式中：$\boldsymbol{L}_{\mathrm{s}}$ 为旋转坐标系下笼型发电机定子绕组的自感，$L_{\mathrm{s}}=L_{\mathrm{ls}}+L_{\mathrm{ms}}$；$\boldsymbol{L}_0$ 为旋转坐标系下笼型发电机定转子绕组间的互感，$L_0=L_{\mathrm{ms}}$。

根据定子磁链方程的推导过程，旋转坐标系下转子磁链方程为

$$\boldsymbol{\psi}_{\mathrm{dqr}} = -\boldsymbol{L}_0\boldsymbol{I}_{\mathrm{dqs}} + \boldsymbol{L}_{\mathrm{r}}\boldsymbol{I}_{\mathrm{dqr}} \tag{5-11}$$

式中：$\boldsymbol{L}_{\mathrm{r}}$ 为旋转坐标系下两相转子绕组的自感，$L_{\mathrm{r}}=L_{\mathrm{lr}}+L_{\mathrm{mr}}$。

将式（5-10）和式（5-11）写成矩阵的分量形式，得到笼型发电机在旋转坐标系下的磁链方程为

$$\begin{bmatrix}\Psi_{\mathrm{ds}}\\ \Psi_{\mathrm{qs}}\\ \Psi_{\mathrm{dr}}\\ \Psi_{\mathrm{qr}}\end{bmatrix}=\begin{bmatrix}-L_{\mathrm{s}} & 0 & L_0 & 0\\ 0 & -L_{\mathrm{s}} & 0 & L_0\\ -L_0 & 0 & L_{\mathrm{r}} & 0\\ 0 & -L_0 & 0 & L_{\mathrm{r}}\end{bmatrix}\begin{bmatrix}i_{\mathrm{ds}}\\ i_{\mathrm{qs}}\\ i_{\mathrm{dr}}\\ i_{\mathrm{qr}}\end{bmatrix} \tag{5-12}$$

电压方程式（5-8）和磁链方程式（5-12）构成了笼型发电机在两相同步旋转坐标系下的数学模型。通过坐标变换，三相坐标系下的时变磁链系数矩阵变化为式（5-12）中的常系数矩阵，笼型发电机在两相同步旋转坐标系下是一个线性系统，对笼型发电机的分析和求解将得到很大简化。

（3）笼型发电机简化数学模型。式（5-8）～式（5-12）构成了笼型发电机在旋转坐标系下的数学模型，为进一步简化数学模型，采用基于定子磁链定向的原则简化笼型发电机数学模型。有如下假设：①对笼型发电机定子磁链在旋转坐标系下 d 轴定向；②忽略定子磁链的暂态过程，即 $\boldsymbol{\psi}_{\mathrm{s}}$ 以同步电角速度 ω_1 旋转，且大小不变；③忽略定子电阻 R_{s}。

根据以上假设有

$$\begin{cases}\Psi_{\mathrm{ds}}=\Psi_{\mathrm{s}}\\ \Psi_{\mathrm{qs}}=0\\ u_{\mathrm{ds}}=p\Psi_{\mathrm{s}}=0\\ u_{\mathrm{qs}}=\omega_1\Psi_{\mathrm{s}}=U_{\mathrm{s}}\end{cases} \tag{5-13}$$

式中：Ψ_{s} 和 U_{s} 分别为定子磁链和电压矢量的幅值。

结合式（5-12）和式（5-13）中的定子磁链方程，得到笼型发电机定子和转子电流之间的关系为

$$\begin{cases} i_{ds} = \dfrac{L_0 i_{dr} - \Psi_s}{L_s} \\ i_{qs} = \dfrac{L_0}{L_s} i_{qr} \end{cases} \tag{5-14}$$

将式（5-14）代入式（5-12）中的转子磁链方程可以得到

$$\begin{cases} \Psi_{dr} = \sigma L_r i_{dr} + \dfrac{L_0}{L_s}\Psi_s \\ \Psi_{qr} = \sigma L_r i_{qr} \end{cases} \tag{5-15}$$

式中：σ 为漏抗因子，$\sigma=1-L_0^2/(L_s L_r)$。

结合式（5-15）和式（5-8）中的转子电压方程，整理可以得到

$$\begin{cases} 0 = R_r i_{dr} - \omega_2 \sigma L_r i_{qr} \\ 0 = R_r i_{qr} + \omega_2 (\sigma L_r i_{dr} + L_0 \Psi_s / L_s) \end{cases} \tag{5-16}$$

5.1.2 电压不平衡下笼型发电机数学模型

在电网电压不平衡下，会导致笼型发电机出现诸多不良现象，因此，本节主要针对电压不平衡条件建立笼型发电机在正、负序坐标系下的数学模型，研究笼型发电机在电网电压不平衡下动态转矩的分析提供理论支持。

（1）电压不平衡下笼型发电机在自然坐标系下数学模型。

根据叠加原理，在电网电压不平衡下，笼型发电机数学模型中不对称物理量是正、负序分量的叠加，因此在电压不平衡下笼型发电机的电压和磁链方程可以列写为

$$\begin{cases} \boldsymbol{U}_{s+} + \boldsymbol{U}_{s-} = -\boldsymbol{R}_s(\boldsymbol{I}_{s+} + \boldsymbol{I}_{s-}) + p(\boldsymbol{\psi}_{s+} + \boldsymbol{\psi}_{s-}) \\ \boldsymbol{0} = \boldsymbol{R}_r(\boldsymbol{I}_{r+} + \boldsymbol{I}_{r-}) + p(\boldsymbol{\psi}_{r+} + \boldsymbol{\psi}_{r-}) \\ \boldsymbol{\psi}_{s+} + \boldsymbol{\psi}_{s-} = -\boldsymbol{L}_{11}(\boldsymbol{I}_{s+} + \boldsymbol{I}_{s-}) + \boldsymbol{L}_{12}(\boldsymbol{I}_{r+} + \boldsymbol{I}_{r-}) \\ \boldsymbol{\psi}_{r+} + \boldsymbol{\psi}_{r-} = -\boldsymbol{L}_{21}(\boldsymbol{I}_{s+} + \boldsymbol{I}_{s-}) + \boldsymbol{L}_{22}(\boldsymbol{I}_{r+} + \boldsymbol{I}_{r-}) \end{cases} \tag{5-17}$$

式中：$\boldsymbol{U}_{s+}$、$\boldsymbol{I}_{s+}$、$\boldsymbol{\psi}_{s+}$、$\boldsymbol{U}_{s-}$、$\boldsymbol{I}_{s-}$ 和 $\boldsymbol{\psi}_{s-}$ 分别表示定子正、负序分量；$\boldsymbol{I}_{r+}$、$\boldsymbol{\psi}_{r+}$、$\boldsymbol{I}_{r-}$ 和 $\boldsymbol{\psi}_{r-}$ 分别表示转子正、负序分量。

由于前面假设笼型发电机三相电路、磁路都对称，且式（5-17）中正、负序分量相互独立，所以可以将式（5-17）中的正、负序分量分开表达，则笼型发电机正序电压和磁链方程为

$$\begin{cases} \boldsymbol{U}_{s+} = -\boldsymbol{R}_s \boldsymbol{I}_{s+} + p\boldsymbol{\psi}_{s+} \\ \boldsymbol{0} = \boldsymbol{R}_r \boldsymbol{I}_{r+} + p\boldsymbol{\psi}_{r+} \\ \boldsymbol{\psi}_{s+} = -\boldsymbol{L}_{11}\boldsymbol{I}_{s+} + \boldsymbol{L}_{12}\boldsymbol{I}_{r+} \\ \boldsymbol{\psi}_{r+} = -\boldsymbol{L}_{21}\boldsymbol{I}_{s+} + \boldsymbol{L}_{22}\boldsymbol{I}_{r+} \end{cases} \tag{5-18}$$

笼型发电机负序电压和磁链方程为

$$\begin{cases}\boldsymbol{U}_{s-}=-\boldsymbol{R}_s\boldsymbol{I}_{s-}+p\boldsymbol{\psi}_{s-}\\ \boldsymbol{0}=\boldsymbol{R}_r\boldsymbol{I}_{r-}+p\boldsymbol{\psi}_{r-}\\ \boldsymbol{\psi}_{s-}=-\boldsymbol{L}_{11}\boldsymbol{I}_{s-}+\boldsymbol{L}_{12}\boldsymbol{I}_{r-}\\ \boldsymbol{\psi}_{r-}=-\boldsymbol{L}_{21}\boldsymbol{I}_{s-}+\boldsymbol{L}_{22}\boldsymbol{I}_{r-}\end{cases} \tag{5-19}$$

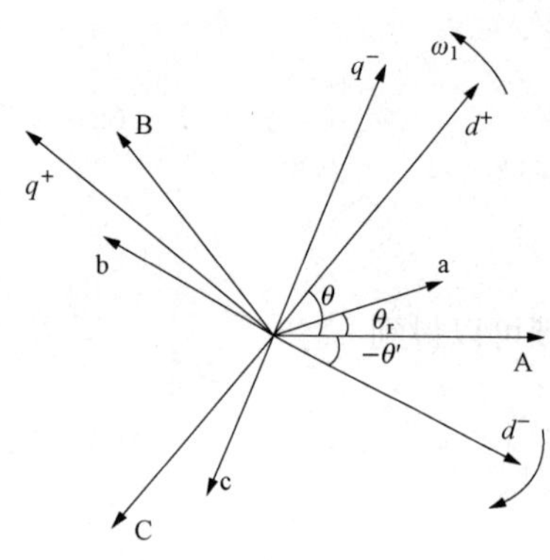

图 5-2　不对称条件下坐标变换示意图

（2）笼型发电机在正、负序坐标系下数学模型。图 5-2 为笼型发电机定子 ABC 坐标系、转子 abc 坐标系、正序旋转坐标系 $(dq)^+$ 和负序旋转坐标系 $(dq)^-$ 的关系。

1）正序旋转坐标系下的正序电压方程。式（5-3）、式（5-4）的变换矩阵 $\boldsymbol{T}$、$\boldsymbol{T}_r$ 同时也是自然坐标系 ABC 变换到正序旋转坐标系 $(dq)^+$ 的变换矩阵 $\boldsymbol{T}_+$ 和 abc 坐标系到正序旋转坐标系 $(dq)^+$ 的变换矩阵 $\boldsymbol{T}_{r+}$。

将 $\boldsymbol{T}_+$、$\boldsymbol{T}_{r+}$、$\boldsymbol{T}_+^{-1}$ 和 $\boldsymbol{T}_{r+}^{-1}$ 应用在式（5-18）中的自然坐标系下的正序电压方程，则正序旋转坐标系下的正序电压方程为

$$\begin{cases}\boldsymbol{U}_{dqs+}^+=-R_sI_{dqs+}^++p\boldsymbol{\psi}_{dqs+}^++S\boldsymbol{\psi}_{dqs+}^+\\ \boldsymbol{0}=R_sI_{dqr+}^++p\boldsymbol{\psi}_{dqr+}^++S_r\boldsymbol{\psi}_{dqr+}^+\end{cases} \tag{5-20}$$

式中：U_{dqs+}^+、I_{dqs+}^+、I_{dqr+}^+、Ψ_{dqs+}^+、Ψ_{dqr+}^+ 分别为笼型发电机正序分量在正序同步旋转坐标系下的 dq 轴分量。

其中，$\boldsymbol{U}_{dqs+}^+=[u_{ds+}^+\quad u_{qs+}^+]^T$，$\boldsymbol{I}_{dqs+}^+=[i_{ds+}^+\quad i_{qs+}^+]^T$，$\boldsymbol{I}_{dqr+}^+=[i_{dr+}^+\quad i_{qr+}^+]^T$，$\boldsymbol{\psi}_{dqs+}^+=[\Psi_{ds+}^+\quad \Psi_{qs+}^+]^T$，$\boldsymbol{\psi}_{dqr+}^+=[\Psi_{dr+}^+\quad \Psi_{qr+}^+]^T$

将式（5-20）展开列写为

$$\begin{bmatrix}u_{ds+}^+\\u_{qs+}^+\\0\\0\end{bmatrix}=\begin{bmatrix}-R_s&0&0&0\\0&-R_s&0&0\\0&0&R_r&0\\0&0&0&R_r\end{bmatrix}\begin{bmatrix}i_{ds+}^+\\i_{qs+}^+\\i_{dr+}^+\\i_{qr+}^+\end{bmatrix}+p\begin{bmatrix}\Psi_{ds+}^+\\\Psi_{qs+}^+\\\Psi_{dr+}^+\\\Psi_{qr+}^+\end{bmatrix}+\begin{bmatrix}-\omega_1\Psi_{qs+}^+\\\omega_1\Psi_{ds+}^+\\-\omega_2\Psi_{qr+}^+\\\omega_2\Psi_{dr+}^+\end{bmatrix} \tag{5-21}$$

2）负序旋转坐标系下的负序电压方程。自然坐标系到负序同步旋转坐标系的变换矩阵 $\boldsymbol{T}_-$ 为

$$\boldsymbol{T}_-=\frac{2}{3}\begin{bmatrix}\cos\theta' & \cos(\theta'-120°) & \cos(\theta'+120°)\\ -\sin\theta' & -\sin(\theta'-120°) & -\sin(\theta'+120°)\end{bmatrix} \tag{5-22}$$

三相 abc 坐标系到负序同步旋转坐标系的变换矩阵 $\boldsymbol{T}_{r-}$ 为

$$\boldsymbol{T}_{r-}=\frac{2}{3}\begin{bmatrix}\cos(\theta'+\theta_r) & \cos(\theta'+\theta_r+120°) & \cos(\theta'+\theta_r-120°)\\ \sin(\theta'+\theta_r) & \sin(\theta'+\theta_r+120°) & \sin(\theta'+\theta_r-120°)\end{bmatrix} \tag{5-23}$$

将上述的负序变换矩阵 $\boldsymbol{T}_{-}$、$\boldsymbol{T}_{r-}$ 应用到式（5 - 19）中的三相坐标系下负序电压方程得到负序旋转坐标系下负序电压方程为

$$\begin{bmatrix} u_{ds-}^{-} \\ u_{qs-}^{-} \\ 0 \\ 0 \end{bmatrix} = \begin{bmatrix} -R_s & 0 & 0 & 0 \\ 0 & -R_s & 0 & 0 \\ 0 & 0 & R_r & 0 \\ 0 & 0 & 0 & R_r \end{bmatrix} \begin{bmatrix} i_{ds-}^{-} \\ i_{qs-}^{-} \\ i_{dr-}^{-} \\ i_{qr-}^{-} \end{bmatrix} + p \begin{bmatrix} \Psi_{ds-}^{-} \\ \Psi_{qs-}^{-} \\ \Psi_{dr-}^{-} \\ \Psi_{qr-}^{-} \end{bmatrix} + \begin{bmatrix} -\omega_{1-}\Psi_{qs-}^{-} \\ \omega_{1-}\Psi_{ds-}^{-} \\ -\omega_{2-}\Psi_{qr-}^{-} \\ \omega_{2-}\Psi_{dr-}^{-} \end{bmatrix} \tag{5 - 24}$$

式中：$\omega_{1-}=-\omega_1$；$\omega_{2-}=-(\omega_1+\omega_r)$。

3）正序旋转坐标系下的正序磁链方程。将 $\boldsymbol{T}_{+}$、$\boldsymbol{T}_{r+}$、$\boldsymbol{T}_{+}^{-1}$ 和 $\boldsymbol{T}_{r+}^{-1}$ 应用在式（5 - 18）中的三相坐标系下的正序磁链方程，在正序旋转坐标系下的正序磁链电压方程为

$$\begin{bmatrix} \Psi_{ds+}^{+} \\ \Psi_{qs+}^{+} \\ \Psi_{dr+}^{+} \\ \Psi_{qr+}^{+} \end{bmatrix} = \begin{bmatrix} -L_s & 0 & L_0 & 0 \\ 0 & -L_s & 0 & L_0 \\ -L_0 & 0 & L_r & 0 \\ 0 & -L_0 & 0 & L_r \end{bmatrix} \begin{bmatrix} i_{ds+}^{+} \\ i_{qs+}^{+} \\ i_{dr+}^{+} \\ i_{qr+}^{+} \end{bmatrix} \tag{5 - 25}$$

4）负序旋转坐标系下的负序磁链方程。同理得到在负序旋转坐标系下的负序磁链方程为

$$\begin{bmatrix} \Psi_{ds-}^{-} \\ \Psi_{qs-}^{-} \\ \Psi_{dr-}^{-} \\ \Psi_{qr-}^{-} \end{bmatrix} = \begin{bmatrix} -L_s & 0 & L_0 & 0 \\ 0 & -L_s & 0 & L_0 \\ -L_0 & 0 & L_r & 0 \\ 0 & -L_0 & 0 & L_r \end{bmatrix} \begin{bmatrix} i_{ds-}^{-} \\ i_{qs-}^{-} \\ i_{dr-}^{-} \\ i_{qr-}^{-} \end{bmatrix} \tag{5 - 26}$$

将上述电压方程和磁链方程写成相量形式，则笼型发电机的正序分量数学模型为

$$\begin{cases} \boldsymbol{U}_{dqs+}^{+} = -R_s\boldsymbol{I}_{dqs+}^{+} + p\boldsymbol{\psi}_{dqs+}^{+} + j\omega_1\boldsymbol{\psi}_{dqs+}^{+} \\ \boldsymbol{0} = R_r\boldsymbol{I}_{dqr+}^{+} + p\boldsymbol{\psi}_{dqr+}^{+} + j\omega_2\boldsymbol{\psi}_{dqr+}^{+} \\ \boldsymbol{\psi}_{dqs+}^{+} = -L_s\boldsymbol{I}_{dqs+}^{+} + L_0\boldsymbol{I}_{dqr+}^{+} \\ \boldsymbol{\psi}_{dqr+}^{+} = -L_0\boldsymbol{I}_{dqs+}^{+} + L_r\boldsymbol{I}_{dqr+}^{+} \end{cases} \tag{5 - 27}$$

笼型发电机的负序分量数学模型为

$$\begin{cases} \boldsymbol{U}_{dqs-}^{-} = -R_s\boldsymbol{I}_{dqs-}^{-} + p\boldsymbol{\psi}_{dqs-}^{-} + j\omega_{1-}\boldsymbol{\psi}_{dqs-}^{-} \\ \boldsymbol{0} = R_r\boldsymbol{I}_{dqr-}^{-} + p\boldsymbol{\psi}_{dqr-}^{-} + j\omega_{2-}\boldsymbol{\psi}_{dqr-}^{-} \\ \boldsymbol{\psi}_{dqs-}^{-} = -L_s\boldsymbol{I}_{dqs-}^{-} + L_0\boldsymbol{I}_{dqr-}^{-} \\ \boldsymbol{\psi}_{dqr-}^{-} = -L_0\boldsymbol{I}_{dqs-}^{-} + L_r\boldsymbol{I}_{dqr-}^{-} \end{cases} \tag{5 - 28}$$

因此，以上笼型发电机正、负序电压和磁链方程构成了其在正序、负序同步旋转坐标系下的八阶数学模型。

（3）笼型发电机简化数学模型。为进一步降低阶数简化笼型发电机数学模型，有如下假设：①对笼型发电机定子磁链在正、负序旋转坐标系下 d 轴定向；②忽略定子正、负序

磁链的暂态过程；③忽略定子电阻，则有

$$\begin{cases} \Psi_{ds+}^{+} = \Psi_{s+} \\ \Psi_{qs+}^{+} = 0 \\ u_{ds+}^{+} = p\Psi_{s+} = 0 \\ u_{qs+}^{+} = \omega_1 \Psi_{s+} = U_{s+} \end{cases} \tag{5-29}$$

$$\begin{cases} \Psi_{ds-}^{-} = \Psi_{s-} \\ \Psi_{qs-}^{-} = 0 \\ u_{ds-}^{-} = p\Psi_{s-} = 0 \\ u_{qs-}^{-} = \omega_{1-} \Psi_{s-} = -\omega_1 \Psi_{s-} = -U_{s-} \end{cases} \tag{5-30}$$

式中：Ψ_{s+}、Ψ_{s-}和U_{s+}、U_{s-}分别为正、负序定子磁链和电压矢量的幅值。

根据在电网电压平衡条件下的推导过程，结合式（5-27）和式（5-29），整理得到在正序旋转坐标系下正序转子电压和电流关系为

$$\begin{cases} 0 = R_r i_{dr+}^{+} - \omega_2 \sigma L_r i_{qr+}^{+} \\ 0 = R_r i_{qr+}^{+} + \omega_2 (\sigma L_r i_{dr+}^{+} + L_0 \Psi_{s+} / L_s) \end{cases} \tag{5-31}$$

结合式（5-28）和式（5-30），整理得到在负序旋转坐标系下负序转子电压和电流关系为

$$\begin{cases} 0 = R_r i_{dr-}^{-} - \omega_{2-} \sigma L_r i_{qr-}^{-} \\ 0 = R_r i_{qr-}^{-} + \omega_{2-} (\sigma L_r i_{dr-}^{-} + L_0 \Psi_{s-} / L_s) \end{cases} \tag{5-32}$$

结合式（5-29）～式（5-32），整理可得转子电流方程为

$$\begin{cases} i_{dr^+}^{+} = \dfrac{\omega_2^2 L_0 L_r \sigma U_{s+}}{L_s \omega_1 [R_r^2 + (\omega_2 \sigma L_r)^2]} \\ i_{qr^+}^{+} = \dfrac{\omega_2 L_0 R_r U_{s+}}{L_s \omega_1 [R_r^2 + (\omega_2 \sigma L_r)^2]} \\ i_{dr^-}^{-} = \dfrac{\omega_{2-}^2 L_0 L_r \sigma U_{s-}}{L_s \omega_1 [R_r^2 + (\omega_{2-} \sigma L_r)^2]} \\ i_{qr^-}^{-} = \dfrac{\omega_{2-} L_0 R_r U_{s-}}{L_s \omega_1 [R_r^2 + (\omega_{2-} \sigma L_r)^2]} \end{cases} \tag{5-33}$$

5.1.3 笼型发电机在电压不平衡时动态转矩特性分析

根据定义，定子侧的功率为

$$\dot{S}_s = P_s + jQ_s = \dot{U}_{dqs}^{+} \times \dot{I}_{dqs}^{+} \tag{5-34}$$

式中：$\dot{U}_{dqs}^{+}$、$\dot{I}_{dqs}^{+}$分别为在正向旋转坐标系下的定子电压和电流相量。

根据正负序坐标变换可知

$$\dot{U}_{dqs}^{+} = \dot{U}_{dqs+}^{+} + \dot{U}_{dqs-}^{-} e^{-j(2\omega_1 t + \omega_0)} = j\omega_1 \dot{\Psi}_{dqs+}^{+} + j\omega_{1-} \dot{\Psi}_{dqs-}^{-} e^{-j(2\omega_1 t + \omega_0)} \tag{5-35}$$

$$\begin{aligned}\dot{I}_{\mathrm{dqs}}^{+}&=\frac{L_0}{L_s}\dot{I}_{\mathrm{dqr}}^{+}-\frac{1}{L_s}\dot{\Psi}_{\mathrm{dqs}}^{+}\\&=\frac{L_0}{L_s}[\dot{I}_{\mathrm{dqr+}}^{+}+\dot{I}_{\mathrm{dqr-}}^{-}\mathrm{e}^{-\mathrm{j}(2\omega_1 t+\theta_0)}]-\frac{1}{L_s}[\dot{\Psi}_{\mathrm{dqs+}}^{+}+\dot{\Psi}_{\mathrm{dqs-}}^{-}\mathrm{e}^{-\mathrm{j}(2\omega_1 t+\theta_0)}]\end{aligned} \tag{5-36}$$

由于 $\Psi_{\mathrm{ds+}}^{+}=\Psi_{\mathrm{s+}}$，$\Psi_{\mathrm{qs+}}^{+}=0$，$\Psi_{\mathrm{ds-}}^{-}=\Psi_{\mathrm{s-}}$，$\psi_{\mathrm{qs-}}^{-}=0$，因此 $\dot{\Psi}_{\mathrm{dqs+}}^{+}=\Psi_{\mathrm{s+}}$，$\dot{\Psi}_{\mathrm{dqs-}}^{-}=\Psi_{\mathrm{s-}}$，且 $U_{\mathrm{s+}}=\omega_1\Psi_{\mathrm{s+}}$，$U_{\mathrm{s-}}=\omega_1\Psi_{\mathrm{s-}}$，则

$$\begin{aligned}\dot{U}_{\mathrm{dqs}}^{+}&=\mathrm{j}U_{\mathrm{s+}}-\mathrm{j}U_{\mathrm{s-}}\mathrm{e}^{-\mathrm{j}(2\omega_1 t+\omega_0)}\\&=-\mathrm{j}U_{\mathrm{s-}}\sin(2\omega_1 t+\omega_0)+\mathrm{j}[U_{\mathrm{s+}}-U_{\mathrm{s-}}\cos(2\omega_1 t+\omega_0)]\end{aligned} \tag{5-37}$$

$$\begin{aligned}\dot{I}_{\mathrm{dqs}}^{+}=&\frac{L_0}{L_s}\{(i_{\mathrm{dr+}}^{+}+\mathrm{j}i_{\mathrm{qr+}}^{+})+(i_{\mathrm{dr-}}^{-}+\mathrm{j}i_{\mathrm{qr-}}^{-})[\cos(2\omega_1 t+\omega_0)-\mathrm{j}\sin(2\omega_1 t+\omega_0)]\}\\&-\frac{1}{\omega_1 L_s}\{U_{\mathrm{s+}}+U_{\mathrm{s-}}[\cos(2\omega_1 t+\omega_0)-\mathrm{j}\sin(2\omega_1 t+\omega_0)]\}\end{aligned} \tag{5-38}$$

结合式（5-37）和式（5-38）得到笼型发电机定子侧向电网输出功率为

$$P_s=P_{s0}+P_{ss2}\sin(2\omega_1 t+\theta_0)+P_{sc2}\cos(2\omega_1 t+\theta_0) \tag{5-39}$$

由于假设忽略定子电阻，即定子损耗不计，则笼型发电机的电磁功率和定子功率大致相等，即 $P_e=P_s$。所以笼型发电机电磁转矩为

$$T_e=\frac{P_e}{\omega_1}=T_{s0}+T_{ss2}\sin(2\omega_1 t+\theta_0)+T_{sc2}\cos(2\omega_1 t+\theta_0) \tag{5-40}$$

其中，$T_{s0}=\frac{L_0}{L_s}U_{\mathrm{s+}}i_{\mathrm{qr+}}^{+}(1-k_u k_{iq})$；$T_{ss2}=\frac{2k_u U_{\mathrm{s+}}^2}{\omega_1 L_s}-\frac{L_0}{L_s}U_{\mathrm{s+}}i_{\mathrm{dr+}}^{+}(k_u-k_{id})$；$T_{sc2}=\frac{L_0}{L_s}U_{\mathrm{s+}}i_{\mathrm{qr+}}^{+}(k_{iq}-k_u)$；$k_{iq}=\frac{i_{\mathrm{qr-}}^{-}}{i_{\mathrm{qr+}}^{+}}$；$k_{id}=\frac{i_{\mathrm{dr-}}^{-}}{i_{\mathrm{qr+}}^{+}}$；$k_u=\frac{U_{\mathrm{s-}}}{U_{\mathrm{s+}}}$。

由以上分析可以看出，当电网电压不平衡时，笼型发电机的平均电磁转矩 T_{s0} 由于负序电压分量的存在而下降，且下降幅度随负序电压分量的增加而增加；另外电磁转矩分量中还存在两倍电网频率的转矩脉动，其脉动情况可由余弦分量和正弦分量合成，两个分量的脉动幅值分别为 T_{ss2} 和 T_{sc2}，其数值和笼型发电机的固有参数和电压的正、负序分量有关。

5.1.4 仿真验证

在电网电压不平衡条件下，对并网笼型发电机进行仿真研究。发电机组参数见表 2-1，对比理论值和仿真值，验证上述理论分析的正确性和合理性。

在 1.5s 时使笼型发电机定子 C 相电压跌落，分别在定子负序电压分量为 10%和 7%情况下进行仿真，此时笼型发电机电磁转矩仿真值和理论值如图 5-3 所示。

由图 5-4 可以看出，在电压不平衡下，发电机的电磁转矩以两倍电网频率脉动，负序电压越高，脉动幅值越高。

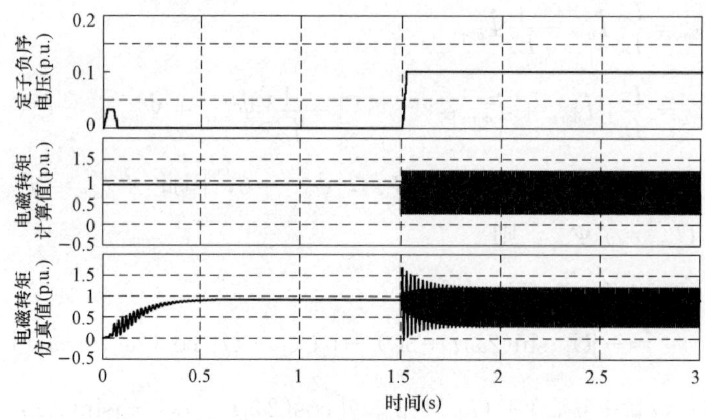

图 5-3　定子负序电压分量为 0.1p.u. 时的仿真波形

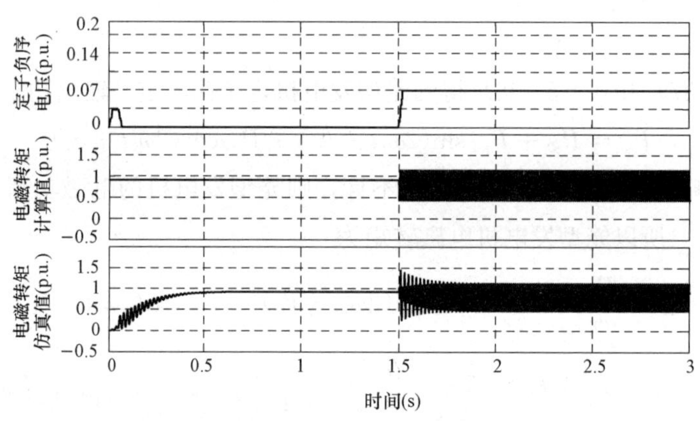

图 5-4　定子负序电压分量为 0.07p.u. 时的仿真波形

当电网电压的负序分量为 0.1p.u. 和 0.07p.u. 时，笼型发电机电磁转矩中的平均分量、正弦和余弦分量幅值的仿真值和理论值见表 5-1。

由表 5-1 列出的两组仿真结果可以看出，电磁转矩的理论值和仿真值非常接近，误差在允许范围之内，仿真结果验证了笼型发电机的数学建模及简化的合理性，电磁转矩推导过程和结果的正确性。

表 5-1　　电磁转矩理论值和仿真值对比　　(p.u.)

负序电压	名称	平均转矩	正弦分量	余弦分量	脉动幅值
定子负序电压为 0.1p.u.	理论值	0.73916	0.48678	0.07396	0.49236
	仿真值	0.74015	—	—	0.50136
定子负序电压为 0.07p.u.	理论值	0.78979	0.35210	0.05350	0.35614
	仿真值	0.79206	—	—	0.36317

5.2 STATCOM 改善笼型风电机组转矩特性机理分析

5.2.1 机理分析

笼型发电机单相负序等效电路如图 5-5 所示。其中，$\dot{U}_{PCCN}$、$\dot{U}_{cN}$和 $\dot{U}_{sN}$分别为 PCC、STATCOM 和故障点的负序电压；Z_c为 STATCOM 的等效阻抗；Z_s 为故障点到 PCC 间等效阻抗（系统阻抗），其数值包括线路阻抗值和主变压器阻抗值；Z_{eqN}为 12 台笼型风电机组的负序等效阻抗，包括并联电容器组阻抗值和箱式变压器的等效阻抗；$\dot{I}_{IN}$、$\dot{I}_{sN}$和 $\dot{I}_{cN}$分别为笼型风电机组、电网和 STATCOM 的电流，电流的正方向如图所示。

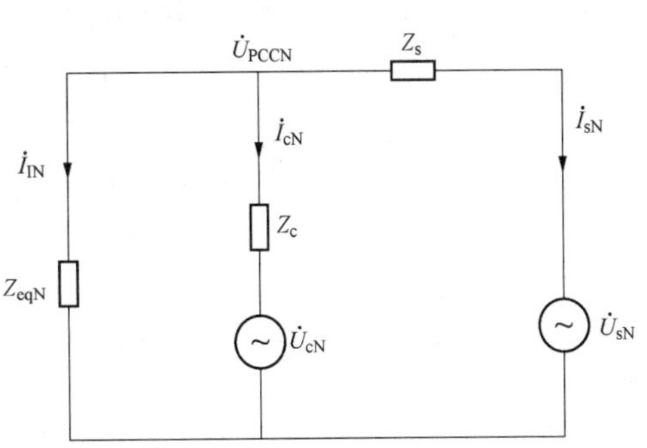

图 5-5 笼型发电机单相负序等效电路

根据节点电压法，由图 5-5 可以得到 PCC 负序电压与 STATCOM 输出电流、故障点负序电压和故障点到 PCC 等效阻抗之间数学关系式为

$$\dot{U}_{PCCN}=\frac{Z_{eqN}Z_s\left(\frac{\dot{U}_{sN}}{Z_s}-\dot{I}_{cN}\right)}{Z_{eqN}+Z_s} \tag{5-41}$$

其中

$$Z_{eqN}=\frac{1}{12}\left(\frac{Z_{eqN1}}{j\omega CZ_{eqN1}}+Z_{T1}\right)$$

$$Z_{eqN1}=R_s+jX_s+\frac{jX_m\left(\frac{R_r}{2-s}+jX_r\right)}{\frac{R_r}{2-s}+j(X_r+X_m)}$$

式中：Z_{T1}为箱式变压器在 35kV 侧的等效阻抗值；C 为并联电容器组的电容。

从式（5-41）可以看出，PCC 负序电压大小不仅取决于故障点负序电压分量、风电机组的等效负序阻抗，还取决于 STATCOM 提供补偿电流的大小和方向以及 Z_s。根据规定的正方向，当 STATCOM 输出电流与 $\dot{U}_{sN}/Z_s$ 同向时，可以减小因系统发生不平衡故障而产生的 PCC 负序电压分量。当 $\dot{I}_{cN}=-\dot{U}_{sN}/Z_s$ 时，电网中的负序电压几乎全部降压在系统阻抗上，从而使 $U_{PCCN}=0$，PCC 负序电压被完全补偿，即当 STATCOM 容量足够时，就可以使电网中的负序电压几乎全部降落在系统阻抗上，保证 PCC 的电压不平衡度被控制在允许范围之内，从而减小甚至消除发电机定子侧的负序电压。笼型风电机组的转矩脉动与定子负序电压有关，而且负序电压越小，转矩脉动越小。因而通过控制 STATCOM 输出负序电流方向和大小，可以减小 PCC 负序电压大小，也即减小甚至消除因负序电压而导致的笼型发电机电磁转矩脉动，改善笼型风电机组的转矩特性。

5.2.2 系统等效参数计算

（1）笼型风电场负序等效阻抗。采用恒速恒频的笼型发电机，转差率 $s=-0.00667$，根据图 2-1 和表 2-1，风电场单台笼型风电机组在 690V 侧的负序等效阻抗为

$$Z'_{eqN1}=0.004436+j0.090063(\Omega)$$

箱式变压器在 690V 侧的阻抗值为

$$Z'_{T1}=\frac{U_k\%U_N^2}{100S_N}=j0.0303275(\Omega)$$

则在 690V 侧，考虑箱式变压器和并联电容器组阻抗的风电场负序等效阻抗为

$$Z'_{eqN}=\frac{1}{12}\left(\frac{Z'_{eqN1}}{j\omega CZ'_{eqN1}+1}+Z'_{T1}\right)=0.02245\angle 83.35^{\circ}(\Omega)$$

将笼型风电机组负序等效阻抗变换到 35kV 侧，则风电场负序等效阻抗为

$$Z_{eqN}=\left(\frac{35000}{690}\right)^2Z'_{eqN}=57.7636\angle 83.35^{\circ}(\Omega)$$

当基准容量 $S_B=11.868$Mvar，35kV 侧阻抗基准值为

$$Z_B=\frac{U_B^2}{S_B}=\frac{35^2}{11.868}=103.218(\Omega)$$

则笼型风电场等效负序阻抗标幺值为

$$Z_{eqN}=\frac{Z_{eqN}}{Z_B}=0.5596\angle 83.35^{\circ}\text{p.u.}$$

（2）主变压器阻抗值计算。由于故障点到 PCC 的等效阻抗 Z_{eqN} 包含主变压器阻抗值，所以需要计算主变压器 TR2 的阻抗值 Z_{T2}。主变压器为三绕组变压器，根据表 2-1 数据，可以得到主变压器 TR2 的高压（112.5kV）和中压（35kV）之间绕组的阻抗值为

$$X_{T1}=\frac{U_{k1}\%U_N^2}{100S_N}=\frac{0.17045\times 112.5^2}{40}=53.9314(\Omega)$$

$$X_{T2}=\frac{0.06515\times 112.5^2}{40}=20.61387(\Omega)$$

则高压与中压绕组间在高压侧的等效阻抗为

$$X_T=X_{T1}-X_{T2}=33.31758(\Omega)$$

忽略变压器的等效电阻，则

$$Z_{T2}=j33.31758(\Omega)$$

5.2.3 STATCOM 输出负序电流相位对改善转矩特性的影响

假设 $Z_s=|Z_s|\angle\theta_s$，$\dot{U}_{sN}=|U_{sN}|\angle\theta_{sN}$，$\dot{I}_{cN}=|I_{cN}|\angle\alpha$，则

$$\frac{Z_{eqN}Z_s}{Z_{eqN}+Z_s}=|Z_{sL}|\angle\theta_{sL} \tag{5-42}$$

则式（5-41）可整理为

$$\begin{aligned}\dot{U}_{PCCN}&=|Z_{sL}|\angle\theta_{sL}\left[|I_{cN}|\angle\alpha-\left|\frac{U_{sN}}{Z_s}\right|\angle(\theta_{sN}-\theta_s)\right]\\&=|I_{cN}Z_{sL}|\angle(\theta_{sL}+\alpha)-\left|\frac{U_{sN}Z_{sL}}{Z_s}\right|\angle(\theta_{sN}+\theta_{sL}-\theta_s)\end{aligned}\tag{5-43}$$

由式（5-43）可以得到 PCC 负序电压分量 $\dot{U}_{PCCN}$、STATCOM 输出补偿电流 $\dot{I}_{cN}$ 和故障点负序电压分量 $\dot{U}_{sN}$ 关系，相量关系如图 5-6 所示，其中，$\varphi=\theta_{sN}-\theta_s-\alpha$。

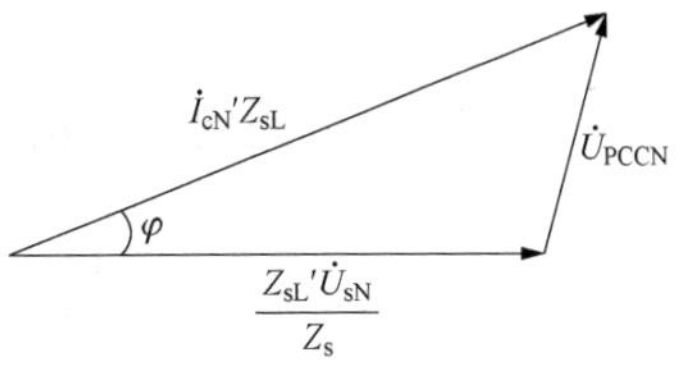

图 5-6　负序分量相量关系图

由图 5-6 相量关系可以得到 PCC 负序电压分量 U_{PCCN} 和 STATCOM 补偿电流相位之间的表达式为

$$|\dot{U}_{PCCN}|=\sqrt{|\dot{I}_{cN}Z_{sL}|^2+\left|\frac{Z_{sL}\dot{U}_{sN}}{Z_s}\right|^2-2\left|\frac{Z_{sL}^2\dot{U}_{sL}\dot{I}_{cN}}{Z_s}\right|\cos(\theta_{sN}-\theta_s-\alpha)}\tag{5-44}$$

结合式（5-44），在故障点负序电压相位 $\theta_{sN}=64°$，$Z_s^*=0.667\angle 86.77°$p. u.，STATCOM 输出电流最大值为 1.5p. u. 条件下，当 STATCOM 输出电流相位 α 和 $\dot{U}_{sN}/Z_s$ 同方向时，即 $\alpha=\theta_{sN}-\theta_s\approx-22°$，此时 STATCOM 补偿 PCC 负序电压能力最强，能够完全补偿的故障点负序电压分量为 0.1p. u. 。

根据式（5-44），可以绘出当故障点负序电压 U_{sN} 分别为 0.1p. u. 、0.2p. u. 、0.3p. u. 且 STATCOM 输出最大电流为 1.5p. u. 时 STATCOM 输出电流相位与 PCC 负序电压和转矩脉动幅值之间的关系曲线如图 5-7 所示。

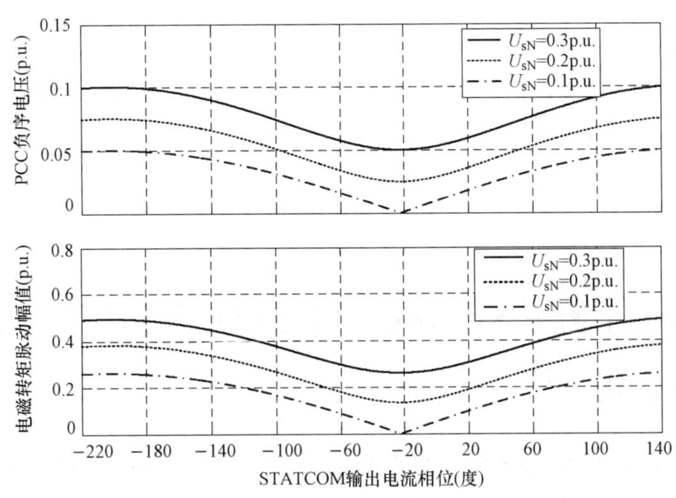

图 5-7　STATCOM 输出电流相位与 PCC 负序电压和转矩脉动幅值之间的关系曲线

从图 5-7 中可以看出，当 STATCOM 输出电流相位为 $\alpha=\theta_{sN}-\theta_s\approx-22°$时，即 $\dot{I}_{cN}$ 与

$\dot{U}_{sN}/Z_s$ 同向时，PCC 负序电压最小，电磁转矩脉动幅值最小，补偿效果最好，当 $U_{sN}=0.1$p.u. 时，U_{PCC}负序电压被完全补偿，电磁转矩脉动为零；当 $\dot{I}_{cN}$与 $\dot{U}_{sN}/Z_s$ 不同向时，且 $\dot{I}_{cN}$与 $\dot{U}_{sN}/Z_s$ 偏离角度越大，补偿效果越差。

5.2.4 故障点到 PCC 间等效阻抗对改善转矩特性的影响

当 $\dot{I}_{cN}$和 $\dot{U}_{sN}/Z_s$ 同向时，由式（5-41）可得

$$U_{PCCN}=\frac{Z_{eqN}Z_s}{Z_{eqN}+Z_s}\left(\frac{U_{sN}}{|Z_s|}-I_{cN}\right) \tag{5-45}$$

当 $I_{cN}=\dfrac{U_{sN}}{|Z_s|}$时，$U_{PCCN}=0$，完全补偿 PCC 负序电压。当 STATCOM 输出最大电流 I_{cNmax}时，$U_{sN}=I_{cNmax}Z_s$，说明一定容量 STATCOM 可完全补偿的故障点负序电压受故障点到 PCC 等效阻抗的影响，Z_s 越大，可补偿的故障点负序电压越高。

对于一定容量的 STATCOM，当故障点负序电压 U_{sN}一定时，故障点到 PCC 间等效阻抗 Z_s 对 PCC 负序电压以及笼型发电机转矩脉动幅值的影响如图 5-8 所示。

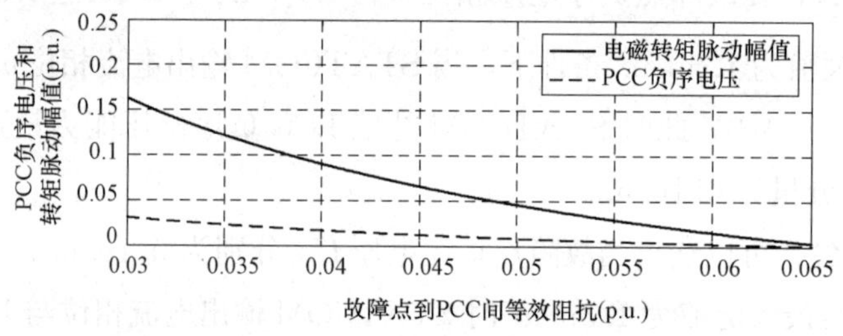

图 5-8 Z_s 和 PCC 负序电压及转矩脉动幅值关系曲线

由图 5-8 可以看出，在 STATCOM 容量一定，且故障点负序电压 U_{sN}相同时，故障点到 PCC 间等效阻抗 Z_s 越大，PCC 处负序电压分量越小，电网故障期间笼型发电机转矩脉动幅值越小，当$|Z_s|=\dfrac{U_{sN}}{I_{cNmax}}$时，STATCOM 完全补偿 PCC 负序电压，消除笼型发电机转矩脉动。

5.3 电压不平衡下 STATCOM 正负序电压协调控制策略

5.3.1 控制策略

电压不平衡时，笼型风电场 STATCOM 正负序电压协调控制策略的结构如图 5-9 所示。其中，θ_P 和 θ_N 分别为 PCC 正序和负序电压相位；U_{dc}^* 和 U_{dc}分别为直流侧电压的给定值和实际值；U_{PPd}^*为 PCC 正序电压的给定值；i_{Pd}^*、i_{Pq}^*分别为 STATCOM 输出正序电流的 dq 轴给定值；i_{Nq}^*为 STATCOM 输出负序电流的 q 轴给定值；u_{ca}^*、u_{cb}^*和 u_{cc}^* 为 STATCOM

输出电压值；i_d 和 i_q 为 STATCOM 输出电流 dq 轴分量；u_d 和 u_q 为 PCC 电压 dq 轴分量；u_{PPd}和 u_{PNd}为 PCC 正序和负序电压 d 轴分量。

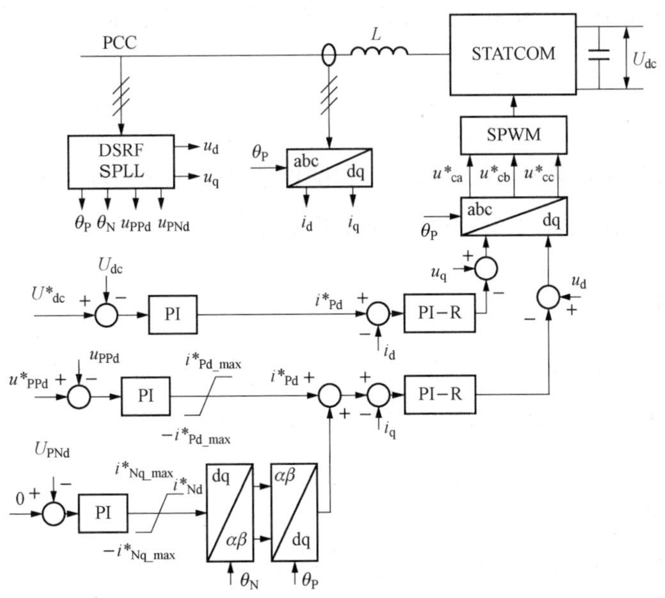

图 5-9　STATCOM 正负序电压协调控制策略框图

STATCOM 正负序电压协调控制策略的电压外环主要控制 PCC 的正负序电压和直流侧电压。其中，负序电压外环控制 PCC 的负序电压为零，补偿负序电压，减小发电机的转矩脉动；正序电压外环控制 PCC 的正序电压为给定值，提高风电场的电压稳定性；直流侧电压外环控制直流侧电压为给定值，保证 STATCOM 的正常运行。当 STATCOM 的电流容量不能同时满足补偿 PCC 正负序电压的要求时，在保证直流侧电压稳定的基础上优先补偿负序电压，余下的电流容量用来补偿正序电压以维持 PCC 电压为 1p. u. 。

正序电压和 STATCOM 输出电流以 PCC 正序电压定向进行 dq 变换，则 $u_{PPq}=0$；负序电压以 PCC 负序电压定向进行 dq 变换，则 $u_{PNq}=0$，所以只要控制 $u_{PNd}=0$ 就可控制 PCC 的负序电压为零，改善 PCC 电压的不平衡度，从而减小笼型发电机电磁转矩的脉动，延长其传动链的使用寿命。对于长距离传输线路，较之线路电感其中的电阻可忽略，所以负序电压调节器输出为 STATCOM 输出负序电流 q 轴的给定值 i^*_{Nq}，将该给定值变换到正序电压定向的 dq 坐标系下，与正序电压调节器的输出的正序电流给定值 i^*_{Pq} 相叠加后，作为 STATCOM 输出电流 q 轴的给定值。

电流内环采用 PI-R 调节器，PI 调节器控制正序电流，谐振调节器（R）控制负序电流，其传递函数为

$$G_{Res}(s)=\frac{K_{res}s}{s^2+\omega^2} \tag{5-46}$$

式中：K_{res}为谐振调节器；ω 为谐振频率。

负序电压调节器输出 i_{Np}^{*} 变换到正序电压定向 dq 坐标系后频率为 2 倍频，所以取 $\omega=100\mathrm{Hz}$。

电压调节器的输出限幅对实现该控制策略的正负序电压协调控制至关重要。如果 STATCOM 允许输出最大电流为 1.5 倍额定电流，则正负序电压调节器输出限幅分别为

$$\begin{cases} i_{\mathrm{Nq\_max}}^{*}=1.5-i_{\mathrm{Pd}}^{*} \\ i_{\mathrm{Pq\_max}}^{*}=\sqrt{(1.5-i_{\mathrm{Nq}}^{*})^{2}-i_{\mathrm{Pd}}^{*2}} \end{cases} \tag{5-47}$$

正负序电压及其相位采用基于双同步参考坐标变换的锁相环（DSRF SPLL）进行检测，为 STATCOM 正负序电压协调控制策略实现提供保障。

5.3.2 仿真结果

在 PSCAD/EMTDC 环境下，根据图 2-1 建立包括风电场、STATCOM 和电网在内的风力发电系统仿真模型，风电场和变压器参数见表 2-1。STATCOM 主要参数为：额定容量为 11.868Mvar，连接电抗器为 2mH，直流侧电容为 2000μF。

（1）STATCOM 正负序电压协调控制。

1）C 相跌落为 0.89p.u. 的仿真波形。当 $t=2\mathrm{s}$ 时，故障点 C 相跌落为 0.89p.u.，持续时间 0.7s，负序电压为 0.04p.u.，故障点到 PCC 等效的阻抗为 $Z_{\mathrm{s}}=(0.2+\mathrm{j}7.09)\Omega$，有无 STATCOM 时的仿真波形如图 5-10、图 5-11 所示。从图 5-10 中可看出，无 STATCOM 时，PCC 负序电压引起发电机电磁转矩脉动；当接入 STATCOM 后，STATCOM 输出正负序电流，同时补偿正负序电压，PCC 正序电压被控制为 1p.u.，负序电压被控制为零，因而发电机电磁转矩脉动为零，完全消除了转矩脉动。

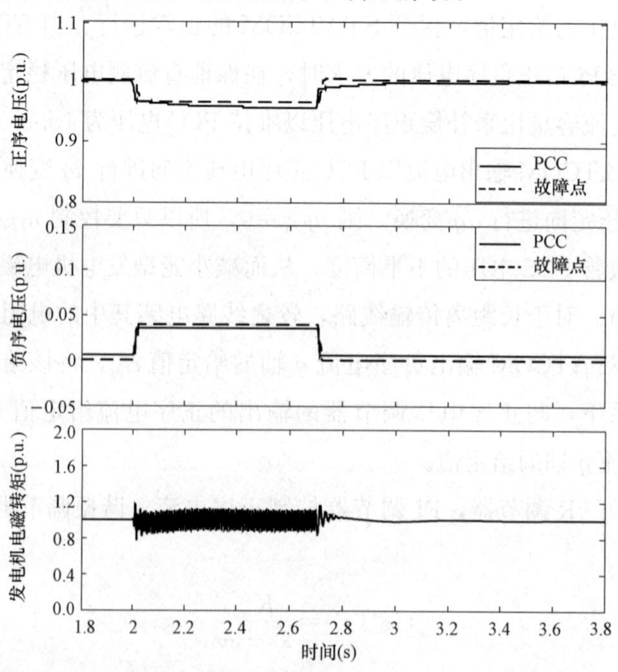

图 5-10　无 STATCOM 时 C 相跌落为 0.89p.u. 的仿真波形

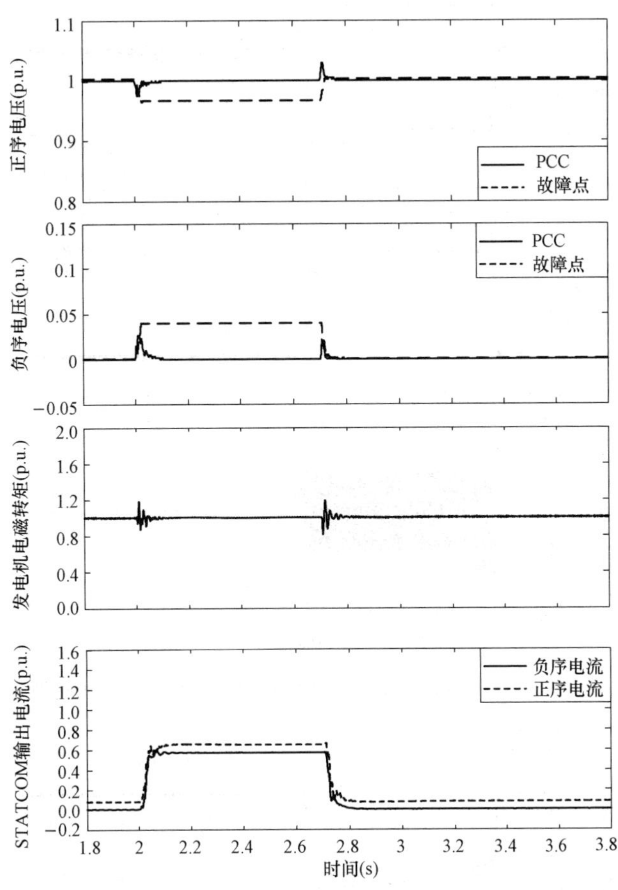

图 5-11 有 STATCOM 时 C 相跌落为 0.89p.u. 的仿真波形

2）C 相跌落为 0.46p.u. 的仿真波形。当 $t=2s$ 时，故障点 C 相跌落为 0.46p.u.，持续时间 0.7s，负序电压为 0.18p.u.，故障点到 PCC 点等效的阻抗为 $Z_s=(0.2+j7.09)\Omega$，有无 STATCOM 时的仿真波形如图 5-12、图 5-13 所示。由图 5-12 可知，未接入 STATCOM 时，PCC 的负序电压为 0.14p.u.，发电机电磁转矩在 0.57～1.45p.u. 脉动。由图 5-13 可知，STATCOM 电流容量不足同时补偿 PCC 正负序电压，其输出最大负序电流，PCC 负序电压降低为 0.06p.u.，最大可能补偿负序电压，发电机电磁转矩在 1.2p.u.～0.8p.u. 脉动，减小了转矩的脉动；输出的正序电流接近于零，只维持直流侧电压恒定，有无 STATCOM 时 PCC 正序电压波形相同，并不补偿 PCC 正序电压。

（2）故障点到 PCC 等效阻抗对补偿能力影响。由前面分析可知，当 STATCOM 输出最大负序电流，其补偿负序电压的能力与故障点到 PCC 等效阻抗大小有关。STATCOM 输出最大电流为 1.5 倍额定电流，当 $Z_s=(0.2+j7.09)\Omega$ 时，可完全补偿的故障点负序电压为 0.1p.u.；当 $Z_s=(0.2+j4.71)\Omega$ 时，可完全补偿的故障点负序电压为 0.068p.u.。

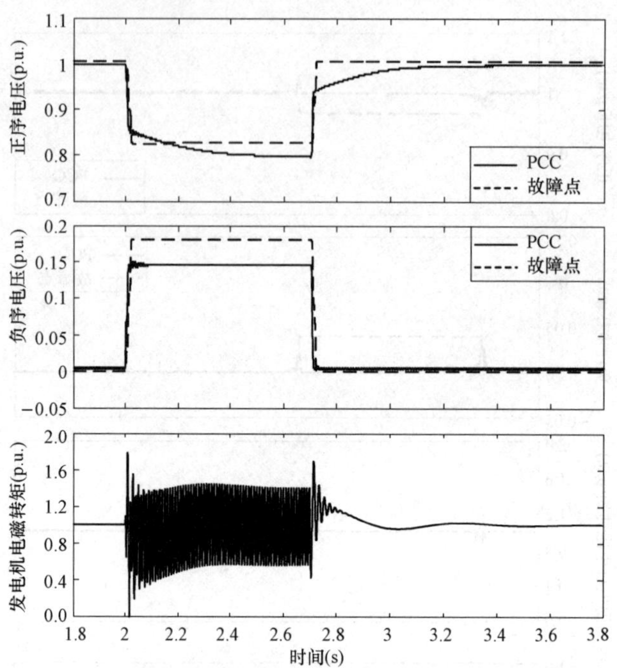

图 5-12　无 STATCOM 时 C 相跌落为 0.46p.u. 的仿真波形

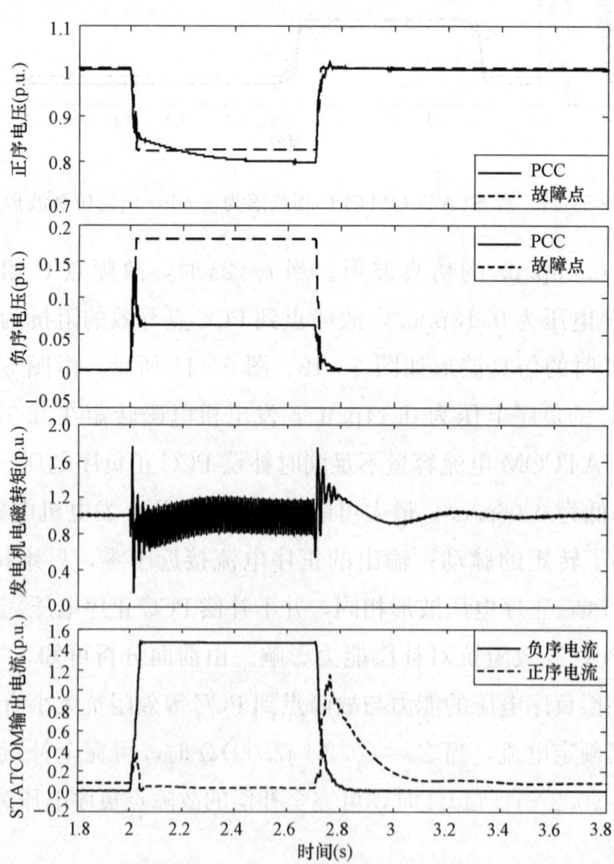

图 5-13　有 STATCOM 时 C 相跌落为 0.46p.u. 的仿真波形

不同 Z_s的仿真波形如图 5-14、图 5-15 所示。由图 5-14、图 5-15 可知，在 STATCOM 输出相同最大负序电流情况下，故障点到 PCC 等效阻抗越大，可完全补偿故障点的负序电压越大。

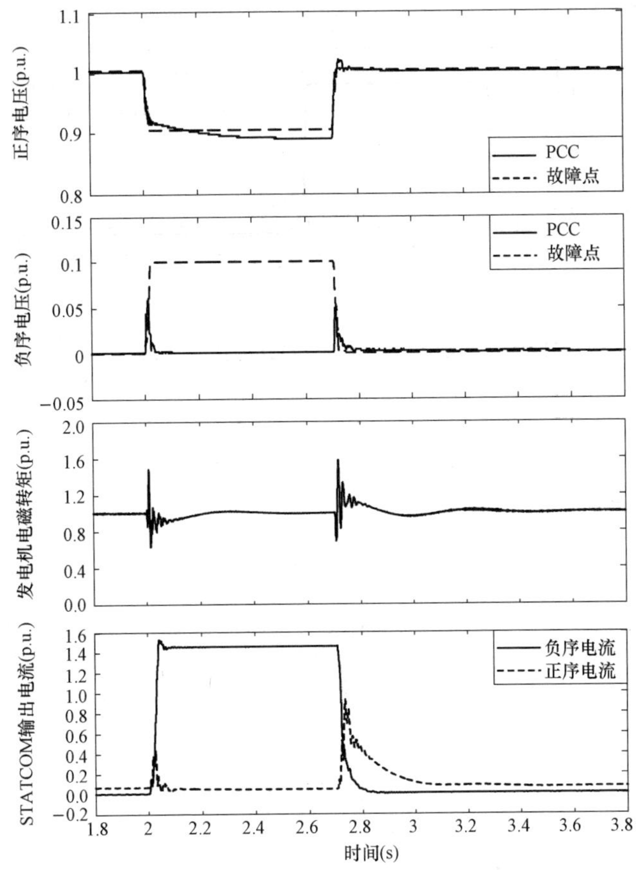

图 5-14　$Z_s=(0.2+j7.09)\Omega$ 的仿真波形

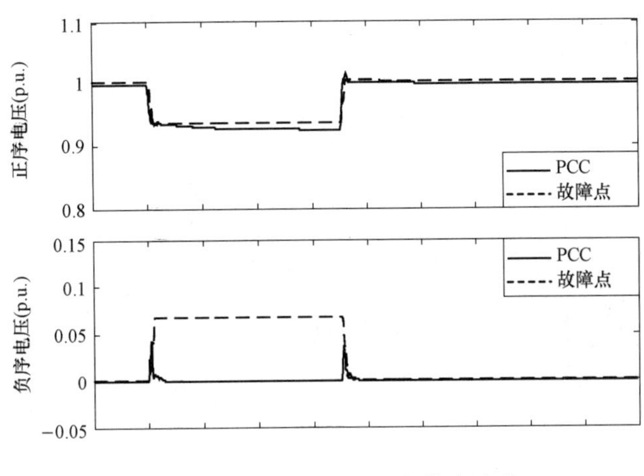

图 5-15　$Z_s=(0.2+j4.71)\Omega$ 的仿真波形（一）

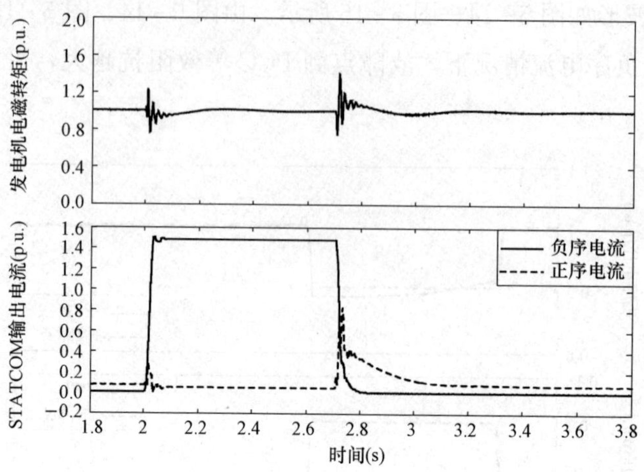

图 5-15　$Z_s=(0.2+j4.71)\Omega$ 的仿真波形（二）

6 STATCOM/HESS 平抑笼型风电机组电功率波动控制策略的研究

由于风力发电受外界环境因素影响具有随机性和间歇性特点，如果直接并网会严重影响电网的电能质量，所以需要储能装置来平抑功率波动来提高并网功率的质量。由于单一储能自身存在的缺点，根据超级电容和蓄电池的互补特性，由它们组成混合储能系统来平抑功率波动。然而由于传统低通滤波器自身存在相位滞后的缺陷，使得在功率分解中出现频率混叠现象，本章研究基于零相位低通滤波器的高、中、低频风电波动功率检测方法及STATCOM/HESS 平抑笼型风电机组电功率波动的控制策略。

(1) 针对传统低通滤波器相位滞后，导致频率分解会出现混叠现象、分频效果不理想的问题，给出采用正反对称数字有限冲击响应的零相位低通滤波器原理及实现方法。

(2) 通过零相位低通滤波器的伯德图，分析不同零相位低通滤波器参数对滤波器滤波特性的影响，为参数的选取提供了理论依据。对比分析传统滤波器和零相位低通滤波器滤波结果，验证零相位滤波器可以克服相位滞后，在滤波阶次比较低的情况下，对波动功率能够有效分解，消除分解过程中的高低频混叠，实现良好的滤波效果，而且功率突变时，能够快速跟踪到功率平均值。

(3) 给出混合储能平抑笼型风电机组功率波动控制策略。这种控制策略利用两级零相位低通滤波器对并网波动功率进行高、中和低频有效分解，让锂电池吸收中频功率，高频有功功率被超级电容吞吐，保证并网功率是低频成分。

6.1 系统拓扑结构

基于混合储能的笼型风电机组拓扑结构如图 6-1 所示。笼型风电机组出口电压为 0.69kV，通过升压变压器 TR1 升压到 35kV，并入 35kV 母线，然后通过 TR2 升压至 110kV，接入电网。锂电池和超级电容分别连接各自的双向 DC/DC 直流变换器并入 DC/AC 设备的直流侧，然后接入公共点 PCC 处，通过这两种混合储能的协调控制策略，来平抑笼型风电机组输出的有功功率波动。

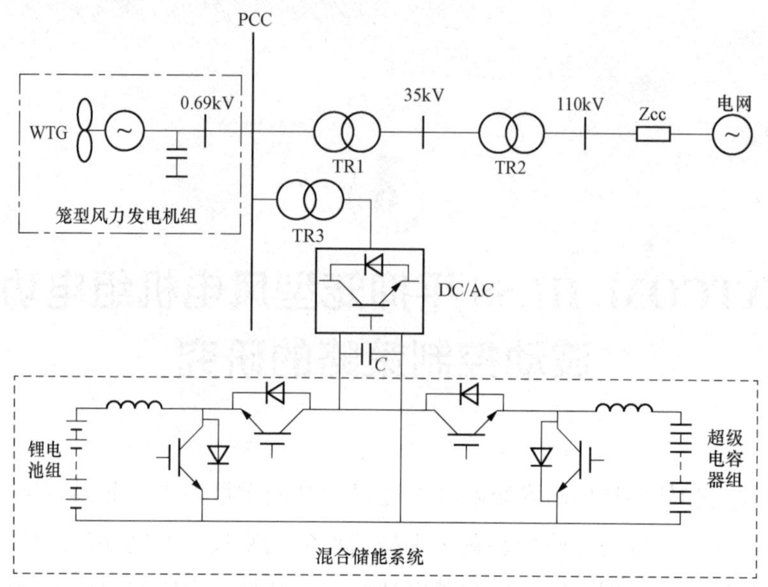

图 6-1　基于混合储能的笼型风电机组拓扑结构

6.2　基于零相位低通滤波器的混合储能功率分解算法及参数优化设计

在平抑功率波动时，采用低通滤波器滤除某一频率段的功率，对输送到电网的功率和储能的功率进行分配，使输送到电网的功率更平滑些。送入电网的功率取决于滤波器的特性，所以滤波器的特性决定了平抑功率效果的好坏，而且还影响到能量存储系统（Energy Storage System，ESS）容量的大小。一个好的滤波结果不但可以使进入电网的功率更加平滑，而且可以减小所需储能的容量，所以优化功率分配策略可以通过优化滤波器来实现。

6.2.1　基于一阶低通滤波器的风电功率分解算法

（1）一阶低通滤波器原理。一阶低通滤波算法数学描述为

$$RC\frac{\mathrm{d}U_o}{\mathrm{d}t}+U_o=U_i \tag{6-1}$$

式中：RC 为滤波时间常数；U_i 为输入信号；U_o 为低通滤波输出信号。

将低通滤器应用到功率平抑中，输入值为微源输出的功率 P_i，输出值为平抑后的目标功率 P_o，则有

$$\tau\frac{\mathrm{d}P_o}{\mathrm{d}t}+P_o=P_i \tag{6-2}$$

式中：τ 为低通滤波器的滤波时间常数，由储能装置平抑的波动功率频率带来确定。τ 越大，平抑后的功率波动越小。

所以传统一阶低通滤波器的传递函数为

$$G(s) = \frac{1}{\tau s + 1} \tag{6-3}$$

（2）一阶低通滤波器缺陷。图 6-2 为两种不同滤波时间常数 τ_1 和 τ_2（$\tau_1 < \tau_2$）下，传统一阶低通滤波器的输出性能。图 6-2（a）为输出波动功率和两个不同滤波时间常数下的滤波输出功率，从图中可以看到，滤波时间常数越大，滤波后输出的功率波动越小，但是响应延迟现象是不可避免的，在 t_1 时刻可以明显地看到延迟问题。当滤波时间常数为 τ_1 时，滤波后功率延迟时间为 $\Delta t = t_2 - t_1$，当滤波时间常数为 τ_2 时，滤波后功率延迟时间为 $\Delta t = t_3 - t_1$，滤波时间常数越大延迟越大。图 6-2（b）为两个不同滤波时间常数下，需要储能系统吞吐的功率，从图中可以看出，滤波时间常数越大，储能系统的功率需求就越大。

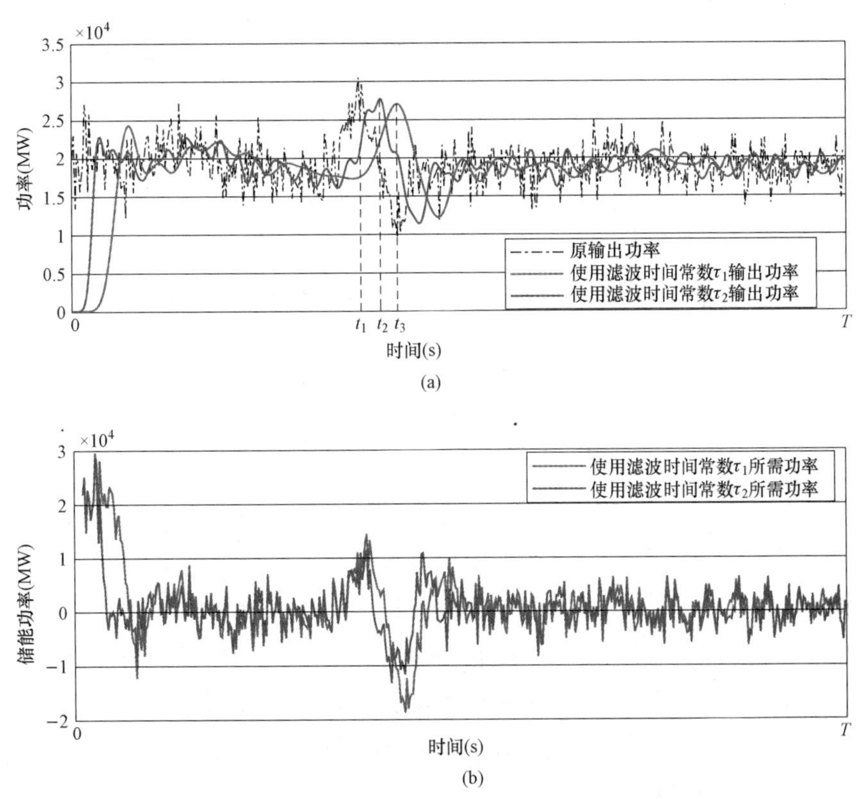

图 6-2　传统一阶低通滤波器的输出性能（$\tau_1 < \tau_2$）

（a）输出功率和滤波后功率；（b）能量存储系统功率

通过上面结果分析可知，平抑功率波动效果依赖于滤波时间常数的选择。τ 取值越大，滤波效果越好，但由于时间延迟的存在，使得跟踪实际输出的功率差越大，进而需要储能装置平抑的功率越大，配置容量也增大，增加了储能系统的负担；τ 取值越小，虽然使得储能装置容量减小，但滤波效果较差，使得平抑后输出功率的波动不能满足并网要求。

究其原因，平抑后输出功率时间上的延迟是由于低通滤波器本身具有不可避免的相位滞后，低通滤波器的伯德图如图 6 - 3 所示。图中滤波时间常数 $\tau_1 < \tau_2$，从图中可以看出，传统低通滤波器在通带区域有严重的相位滞后，一阶低通滤波器在其转折频率处，相位会滞后 45°，频率越大相位滞后也越大，相位上的滞后，会导致响应时间延迟。所以，采用传统低通滤波器进行功率分解时，高、中频不能完全分开的问题会导致平抑效果变差，也无形中增加了混合储能装置的容量。

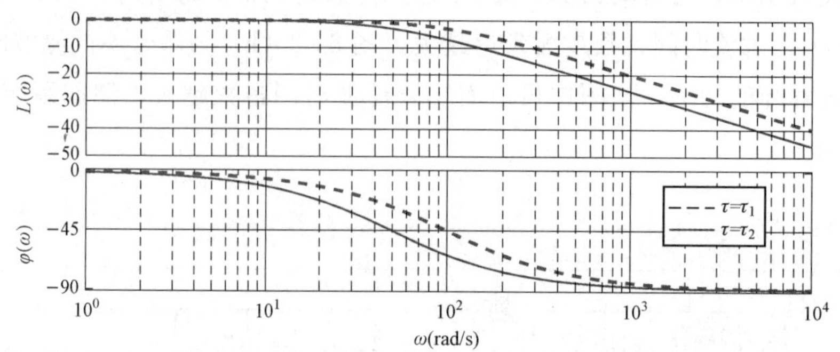

图 6 - 3　低通滤波器的伯德图（$\tau_1 < \tau_2$）

6.2.2　基于零相位低通滤波器的风电功率分解算法

（1）零相位低通滤波器原理。目前通常采用一阶低通滤波器分解波动功率中的高、中和低频分量，而一阶低通滤波器一般为一阶惯性环节，其存在相位滞后问题，从而导致时间响应滞后，分解后的中频功率中含有高频功率，而高频功率中含有低频功率，分解效果较差。为了得到良好的滤波效果，实现有效功率平抑，需要消除滤波器的相位滞后。图 6 - 4 为一种期望的低通滤波器特性的伯德图，在通带区域（$\omega < \omega_c$）时，相位和幅值应该分别为 0°和 0dB。同时，在频率阻止带区域（$\omega > \omega_c$）时，幅值应该尽快衰减。

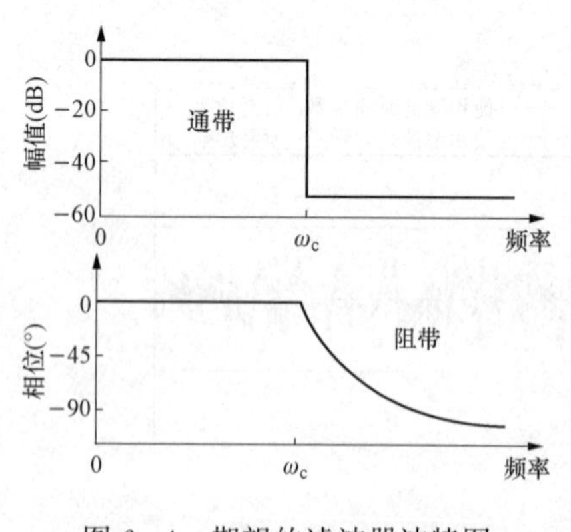

图 6 - 4　期望的滤波器波特图

为了克服传统低通滤波器相位延迟的问题，实现图 6 - 4 所示的低通滤波器特性，最早在文献［89，90］中提出了消除相位延迟的滤波思想，主要用在零件加工、机器人等高速运动的位置跟踪控制系统中，但此方法的滤波器阶次比较高（超过 50 阶），而且确定滤波器系数的过程很复杂，这使得这种方法在实际中难以实现。为了减少低通滤波器的阶数，

给出一种零相位低通滤波器的设计方法，采用正反对称的数字有限冲击响应滤波器来消除滤波器的相位延迟，其定义如下

$$H(z)=a_{\mathrm{N}}z^{N}+\cdots+a_{1}z+a_{0}+a_{1}z^{-1}+\cdots+a_{\mathrm{N}}z^{-\mathrm{N}} \tag{6-4}$$

式中：N 为滤波器系数的长度；$a_{\mathrm{k}}(k=1，2，\cdots，N)$ 为滤波器系数。

其频率响应是

$$\begin{aligned}H(\mathrm{e}^{\mathrm{j}\omega t_{\mathrm{s}}})&=a_{\mathrm{N}}\mathrm{e}^{\mathrm{j}N\omega t_{\mathrm{s}}}+\cdots+a_{1}\mathrm{e}^{\mathrm{j}\omega t_{\mathrm{s}}}+a_{0}+a_{1}\mathrm{e}^{-\mathrm{j}\omega t_{\mathrm{s}}}+\cdots+a_{\mathrm{N}}\mathrm{e}^{-\mathrm{j}N\omega t_{\mathrm{s}}}\\&=a_{0}+2\sum_{k=1}^{N}a_{\mathrm{k}}\cos(k\omega t_{\mathrm{s}})\end{aligned} \tag{6-5}$$

式中：T_{s} 为滤波器的采样时间。

从式（6-5）可以明显看出，当所有的滤波系数 a_{k} 是实数时，滤波器的频率响应就是实数，因为实数的频率响应无相位滞后，所以，采用该滤波器可以很好地克服传统低通滤波器的相位滞后导致时间响应滞后的问题。

（2）零相位低通滤波器的实现。零相位低通滤波器具有出色的滤波特性，但依赖于滤波器的系数长度 N 和滤波器系数 a_{k} 的计算方法。在设计时一般折中考虑两方面的因素，一是足够小的滤波器系数长度使得该方法计算简单而且容易实现；二是使滤波器的阻带区域有适度的衰减特性，能够较好地实现滤波功能。滤波器系数的大小取决于滤波器平滑时间常数 $\tau(\tau=nT_{\mathrm{s}}$，$T_{\mathrm{s}}$ 为滤波器采样时间)，其计算过程如下，首先定义一个数组 h 为

$$h=[h_{0}\quad h_{1}\quad\cdots\quad h_{\mathrm{k}}\quad\cdots h_{\mathrm{N}}] \tag{6-6}$$

数组 h 各元素逆序后形成另一个数组 h_{r} 为

$$h_{\mathrm{r}}=[h_{\mathrm{N}}\quad h_{\mathrm{N-1}}\quad\cdots\quad h_{\mathrm{N-k}}\quad\cdots h_{0}] \tag{6-7}$$

其中，数组中每一个元素值满足

$$h_{\mathrm{k}}=\frac{1}{\tau}\mathrm{e}^{\frac{-h}{\tau}}(k=0、1、\cdots、N) \tag{6-8}$$

数组 h 和数组 h_{r} 进行卷积运算得到滤波系数 a_{k} 的计算过程为

$$\widetilde{a}_{\mathrm{k}}=\sum_{n=k}^{N}h_{\mathrm{n}}h_{\mathrm{n-k}}(k=0、1、\cdots、N) \tag{6-9}$$

$$a_{\mathrm{k}}=\frac{\widetilde{a}_{\mathrm{k}}}{\widetilde{a}_{0}+2\sum\limits_{n=1}^{N}\widetilde{a}_{\mathrm{n}}}(k=0、1、\cdots、N) \tag{6-10}$$

滤波器系数 a_{k} 确定后，就实现了零相位低通滤波器，把输出的波动功率 $P(t)$ 经过零相位低通滤波器后输出平滑功率 $P_{\mathrm{f}}(t)$ 为

$$P_{\mathrm{f}}(t)=a_{0}P(t)+\sum_{k=1}^{N}a_{\mathrm{k}}[P(t-kT_{\mathrm{s}})+P(t+kT_{\mathrm{s}})] \tag{6-11}$$

则被滤除的功率 $P_{\mathrm{s}}(t)$ 为

$$P_{\mathrm{s}}(t)=[1-a_{0}]P(t)-\sum_{k=1}^{N}a_{\mathrm{k}}[P(t-kT_{\mathrm{s}})+P(t+kT_{\mathrm{s}})] \tag{6-12}$$

6.2.3 零相位低通滤波器参数优化设计

由式（6 - 11）可知，利用零相位低通滤波算法，滤波效果的好坏和参数的取值相关，主要取决于滤波系数长度和滤波系数的选取，而 a_k 由滤波器平滑时间常数 τ 决定，平滑时间常数可以由滤波器采样时间 T_s 的倍数决定。采样时间 T_s 的取值与希望滤除的频率有关，采样时间取值越大，滤除部分的频率越低，滤波后的功率曲线越平缓，反之，波动越大。下面通过伯德图分析参数对滤波效果的影响。

（1）滤波器系数长度 N 值设计。首先，零相位低通滤波器滤波性能的好坏取决于滤波器系数长度的取值大小，当 $T_s=0.03s$ 和 $\tau=1000T_s$ 取值不变时，分析 N 取不同值时，零相位低通滤波器的频率响应特性，其伯德图如图 6 - 5 所示。可以看出，N 值越大，在同一截止频率下，阻带区域幅值衰减越大，滤波效果越好，但 N 值过大时，滤波器越不容易物理实现。

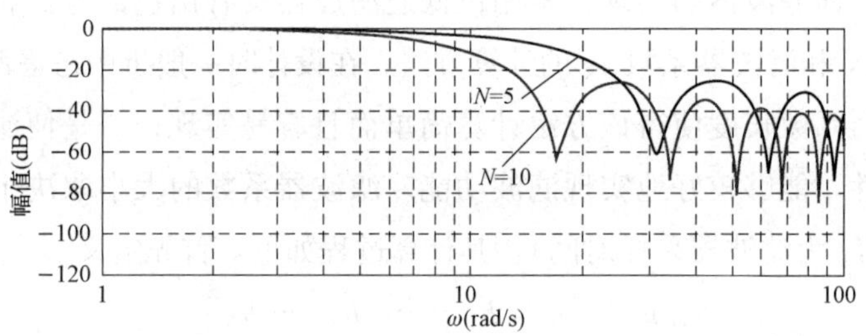

图 6 - 5　低通滤波器特性伯德图

（2）平滑时间常数设计。滤波性能不仅与 N 的取值有关，还与平滑时间常数 τ 和滤波器采样时间 T_s 的大小有关。当 $N=10$ 和 $T_s=0.03s$ 取值不变时，分析 $\tau=nT_s$，n 取不同值时零相位低通滤波器的频率响应特性，其伯德图如图 6 - 6 所示。从图中可以看出，n 取值越大，即 τ 的取值越大时，阻带区域幅值衰减越大，则滤波效果越好，在此参数取值情况下，当 $n>800$ 以后，滤波效果基本相同，变化甚微。

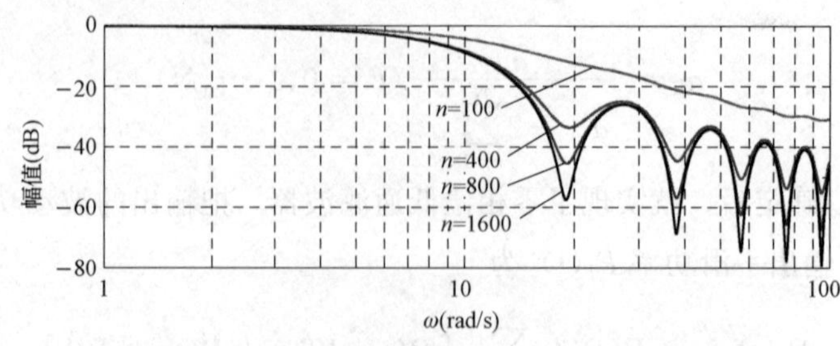

图 6 - 6　τ 值不同时的低通滤波器伯德图

（3）滤波器采样时间设计。当 $N=10$ 取值不变时，分析 $\tau=1000T_s$，T_s 取值不同时零相位低通滤波器的频率响应特性，其伯德图如图 6 - 7 所示。从图中可以看出，T_s 的取值大小主要决定滤波器的截止频率，T_s 取值越大，低通滤波器的截止频率越小。所以可以根据滤波的需求，选取不同的 T_s 值。

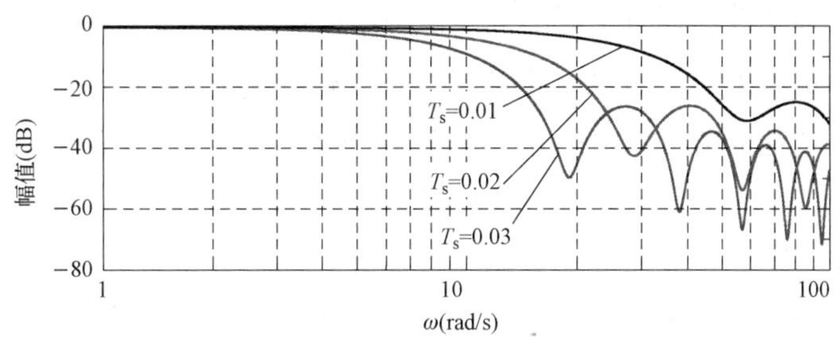

图 6-7　T_s 取值不同时的低通滤波器伯德图

通过上面分析各个参数对零相位低通滤波器特性的影响可知，在设计零相位低通滤波器时，可以根据滤波频段的需求，选取合适的滤波器系数长度、采样时间和平滑时间常数，即可满足希望的滤波特性和滤波要求

6.2.4　基于零相位低通滤波器的风电功率高频、中频和低频分解

（1）功率分解。针对采用混合储能系统对并网功率进行平抑的控制结构，首先对并网波动功率进行分解，分解后得到高频、中频和低频部分，然后让锂电池补偿中频功率，超级电容补偿高频功率，从而保证并网功率时低频部分，可以实现平抑功率波动的目标。混合储能功率分解结构如图 6-8 所示。其中，P_w 为风力机发出的实际有功功率，P_{bref} 分别为锂电池吸收功率的给定值。P_{scref} 为超级电容器功率的给定值。

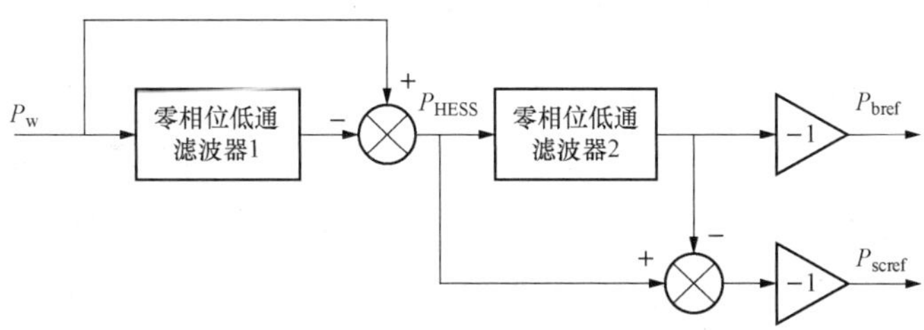

图 6-8　混合储能功率分解结构图

考虑风的随机性，使风力机输出的功率具有波动特性，将风力机输出的波动功率，经第一级零相位低通滤波器得到低频功率，原功率和低频功率做差得到了混合储能系统需要平抑的波动功率 P_{HESS}，P_{HESS} 再经第二级零相位低通滤波器得到中频有功功率，反向后作为锂电池储能系统需要平抑的功率参考值 P_{bref}。P_{HESS} 与分解的中频有功功率做差后得到高频部分功率，反向后作为超级电容储能系统需要平抑的功率参考值 P_{scref}。其中零相位低通滤波器 1 和零相位低通滤波器 2 的参数不同，滤除的截止频率不同，滤波器 1 的截止频率 ω_1 小于滤波器 2 的截止频率 ω_2，锂电池储能系统能够补偿介于 ω_1 和 ω_2 之间的中低频分量，而

超级电容储能系统能够补偿大于 ω_2 的高频分量，通过该方法能够分别对不同频段内的功率波动分量进行补偿。

由于零相位低通滤波器拥有良好的分频优势，更好地消除了分解过程中的高低频混叠，更有效地利用超级电容大功率密度、小能量密度、循环次数多的特点，补偿功率波动中的高频部分；利用锂电池大能量密度、小功率密度的特点，补偿功率波动中的低频部分，实现更好的平抑效果。

（2）仿真分析。零相位低通滤波器由于没有相位滞后，可以实时有效地得到某一频段的功率。以笼型风电机组输出功率作为波动功率，在 MATLAB/Simulink 环境下进行仿真研究。在风电机组输出的波动功率成分中，频率为 1Hz 以上的波动功率能够被风力发电机叶片的惯性吸收滤除，而频率为 0.01Hz 以下的波动功率成分对并网的影响几乎很小，所以平滑风电机组功率波动的混合储能系统功率分配原则一般为：低频功率成分（小于0.01Hz）直接并网，中频波动功率成分（0.01～0.1Hz）由能量型储能锂电池来平抑，高频波动功率成分（0.1～1.0Hz）由功率型储能超级电容来吸收。由于 MATLAB 在线仿真时间有限，为了缩短仿真时间，将时间压缩 100 倍，所以功率分配方法为低频功率成分（小于 1Hz）直接并网，中频波动功率成分（1～10Hz）由锂电池来平抑，高频波动功率成分（10～100Hz）由超级电容来吸收。所以风速模型采用平均风速下叠加频率为 1Hz 和 20Hz 的干扰风而成的，代表波动功率的中频和高频成分。

采用传统两级一阶低通滤波器的混合储能功率分解算法和零相位低通滤波器的混合储能功率分解算法的仿真波形如图 6-9 所示。其中，两个一阶低通滤波器的惯性时间常数为 1.6s 和 0.08s；两级零相位低通滤波器参数：滤波器系数长度 $N=10$，$\tau=1000T_s$，零相位低通滤波器 1 的采样时间 $T_{s1}=0.167$s，零相位低通滤波器 2 的采样时间 $T_{s2}=0.008$s。

由图 6-9 可以看出，采用传统一阶低通滤波器对风电机组波动功率进行分频，由于一阶低通滤波器相位滞后问题，使得滤波后得到的中频功率有滞后现象，中频功率滞后必然使分解出的高频功率中会有中频成分，中频功率中也有高频功率成分，导致高、中、低频功率混叠，分解效果差。当 12s 时风电输出功率发生突变，大约需要 6s 才能检测出风电机组突变的平均功率，在此之前，多余的功率需要锂电池来吸收，增加了锂电池的负担，因此，锂电池平抑功率波动补偿分解得到的中频功率时，必然会加大锂电池储能装置的容量，而且平抑效果不理想。

采用零相位低通滤波器分频，得到的中频功率和原波动功率信号对比，相位基本没有滞后，克服了传统滤波器的相位滞后问题，能很好地跟踪风力机输出功率。同时，由于没有滞后，经零相位低通滤波分解后得到的高频、低频、中频功率耦合量很少，几乎可以实现完全分解，而且在 12s 风电机组输出功率发生突变时，大约 1.8s 就可以跟踪风电的平均功率，不但可以减少储能装置的容量，而且可以达到较好的平抑效果。

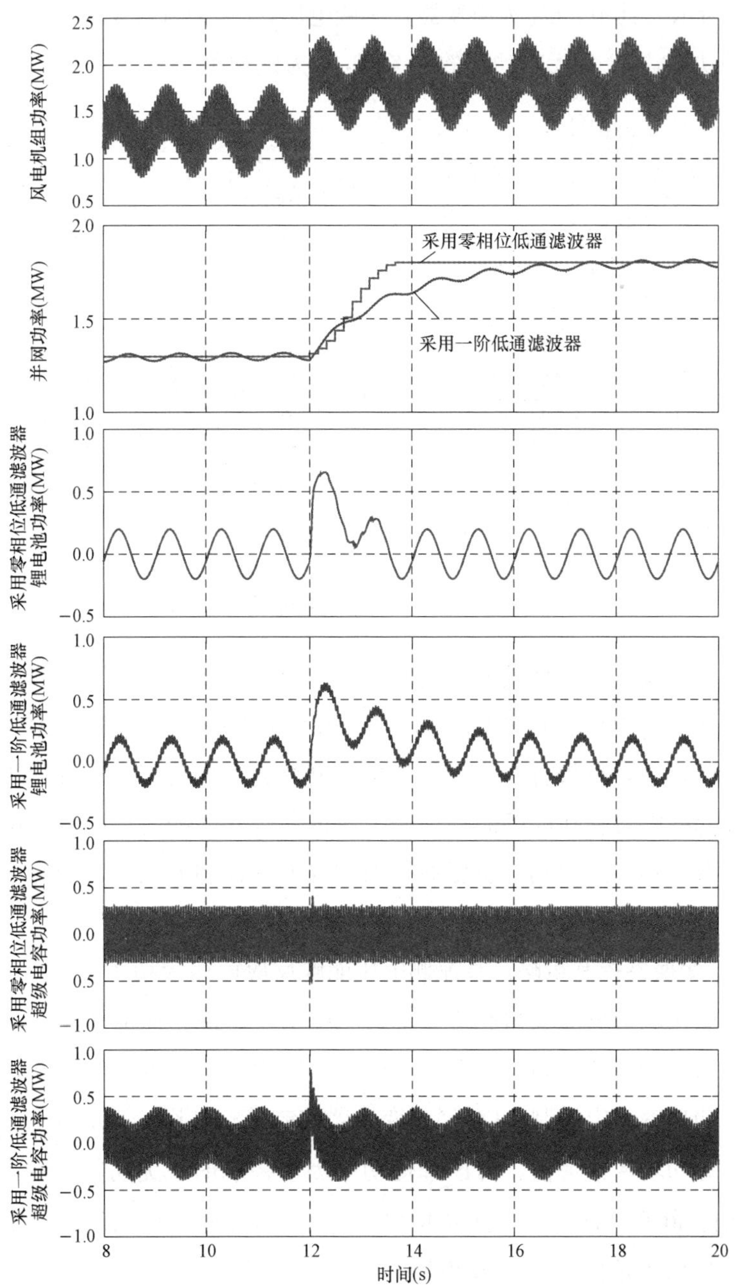

图 6-9　风电机组功率分解仿真波形

6.3 混合储能系统的总体控制策略

(1) 总体控制策略。混合储能系统平抑笼型风电机组功率波动控制策略主要包括混合储能系统功率分解算法、双向 DC/DC 变换器控制和 DC/AC 变换器控制组成，其总体控制结构如图 6-10 所示。其中，U_{dc}为逆变器直流侧电压，U_{dc}^*为直流侧电压的参考值，Q为逆变器输出的无功功率，Q^*为无功功率的参考值，θ为锁相角。

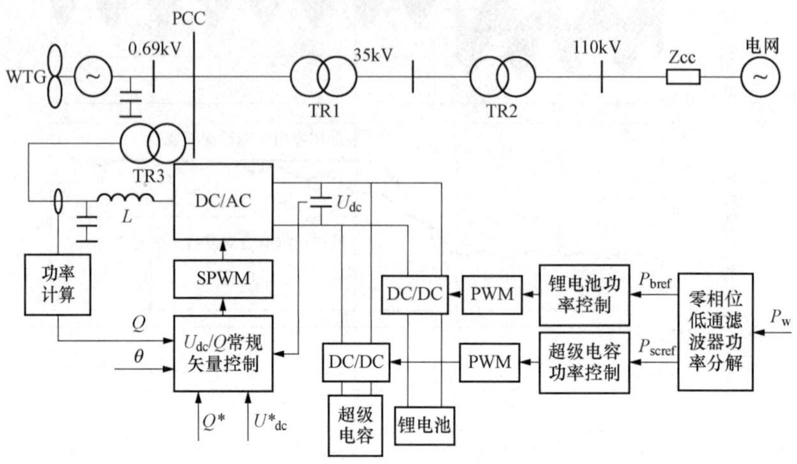

图 6-10　总体控制结构

利用零相位低通滤波器，将风电机组波动功率分解得到高、中、低频的有功功率。低频功率作为并网功率，中频功率作为锂电池平抑的目标功率，通过锂电池的功率控制策略，来吸收波动的中频功率，高频有功功率作为超级电容的目标功率，通过超级电容单元的功率控制策略，让超级电容吞吐高频波动功率。通过混合储能的协调控制策略，实现平抑风力发电系统输出有功功率的波动。逆变器采用常规矢量控制方式，目的是保持直流侧的电压稳定和补偿一定的无功功率，或以单位功率因数并网。

（2）DC/AC 变换器控制策略。直流侧电压能够反应前后级功率平衡，因此，维持直流侧电压恒定就能够实现前后级功率相等，维持风电功率、混合储能系统和电网之间的有功功率平衡，从而实现并网功率为低频功率。所以，后级变换器采用U_{dc}/Q控制来实现直流侧电压恒定和无功功率给定控制。DC/AC 变换器控制策略如图 6-11 所示。U_{dc}^*和Q^*分别为直流侧电压和无功功率参考值，考虑单位功率因素控制时，无功功率的参考值Q^*为 0。U_{dc}、Q分别当前实际直流侧电压、无功功率。i_{dref}、i_{qref}为外环控制产生的电流内环电流给定值。i_d、i_q分别为实际的有功、无功电流。

DC/AC 控制器采用常规矢量控制，实现有功和无功解耦控制。变换器的控制目的是保持直流侧电压的稳定和控制无功功率，由于电网电压基本保持恒定，所以对交流侧有功功率的控制实际上是对输入有功电流的控制，实现单位功率因数并网控制实际上是对输入无功电流的控制。所以整个控制策略采用双环控制结构，外环是直流侧电压和无功功率环，内环是有功和无功电流环。外环分别是控制其直流侧电容电压的稳定维持有功功率平衡和控制流入电网的无功功率接近于 0；内环分别为无功电流和有功电流控制，并实现有功无功电流解耦控制。软件锁相环用来计算交流母线电压的相位。最后通过坐标反变换，得到三

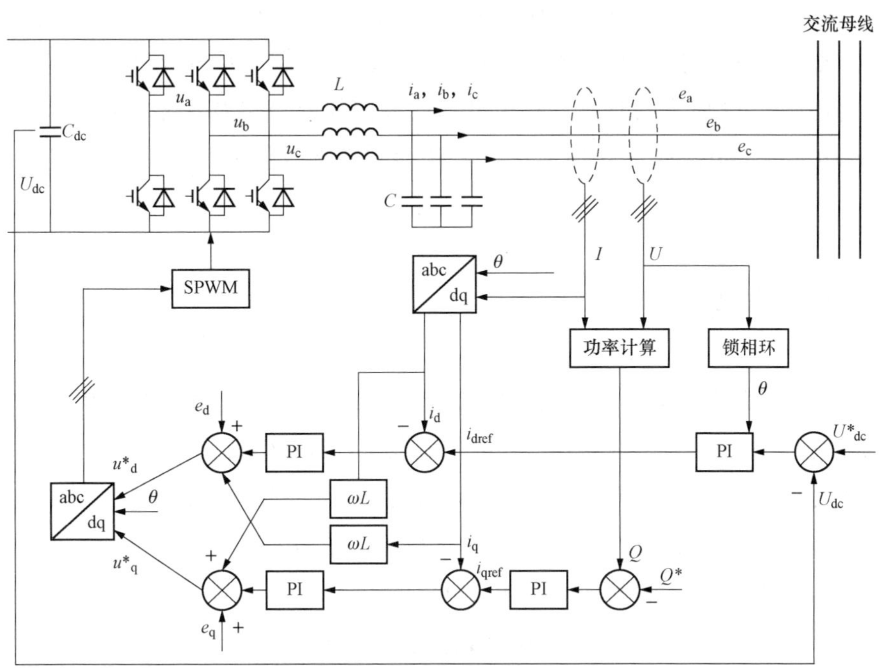

图 6-11　DC/AC 变换器控制策略

相调制电压经 SPWM 调制产生 DC/AC 变换器的控制信号，实现 DC/AC 变换器的控制目标。

(3) 混合储能双向 DC/DC 控制策略。混合储能双向 DC/DC 变换器的控制目标是平抑功率波动，让锂电池平抑波动功率的中频成分，超级电容平抑波动功率的高频成分。根据控制目标，采用有功功率外环、充放电电流内环的双闭环控制结构，混合储能系统的双向 DC/DC 控制策略如图 6-12 所示。

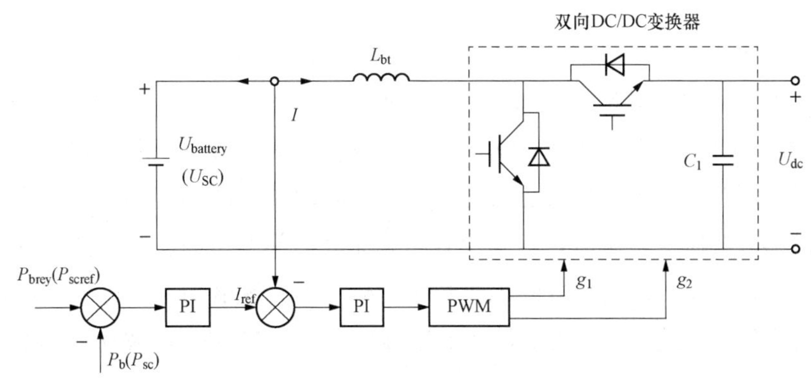

图 6-12　双向 DC/DC 变换器控制策略

外环功率控制实现跟随混合储能系统充放电功率给定值 P_{bref}(P_{scref})。给定值 P_{bref}(P_{scref}) 与实际的储能系统充放电反馈功率 P_b(P_{sc}) 的误差，经 PI 调节，得出混合储能系统充放电电流给定值 I_{ref}，其与实际值 I 反馈值的误差，经 PI 调节，得到的信号经 PWM 调制控制双向 DC/DC 变换器的开关管通断。其中，混合储能系统充放电功率给定值 P_{bref}（P_{scref}）为前述图 6-8 所示的基于零相位低通滤波器的混合储能系统功率分解出的蓄电池和超级电容功率给定值。通过此控制策略，从而实现混合储能平抑风电机组功率波动的目标。

6.4 仿真结果

为了验证本章提出的基于零相位低通滤波器的功率分解算法和混合储能平抑笼型风电机组功率波动控制策略的正确性，建立系统仿真模型，进行仿真研究。

利用混合储能平抑笼型风电机组功率波动的仿真波形如图 6-13 所示。其中，笼型风电机组技术参数见表 6-1；仿真给定的风速在 7s 以前，平均风速为 12m/s，风速在 7s 后逐渐上升到 14m/s，同时叠加了频率为 1Hz 和 20Hz 的干扰风。

表 6-1　笼型风电机组技术参数

笼型风电机组	额定容量：2.59MVA	额定功率：2.3MW
	定子电阻：0.006p.u.	定子电抗：0.111p.u.
	转子电阻：0.008p.u.	转子电抗：0.111p.u.
	励磁电抗：3.648p.u.	额定电压：0.69kV
	发电机转动惯量：44.5kgm^2	发电机额定转速：1512r/min
	风力机额定转速：15m/s	风轮直径：82.4m

图 6-13（b）所示是风电机组输出功率的波形，功率波动相对较大，经零相位低通滤波器分解得到低频功率为并网有功功率如图 6-13（c）所示，该方法可以快速准确地分解波动电功率的低频分量。图 6-13（d）～（f）所示为并网实际功率、锂电池和超级电容的实际充放电功率，可以看出，并网实际功率可以快速跟随平均风速的变化，锂电池补偿中频的功率波动，不含高频部分，而超级电容吸收高频的功率波动，不含低频部分。采用零相位低通滤波器分解风电功率时，因其没有相位滞后的问题，高、中、低频的功率的分辨率高，耦合量少，优化了储能装置的工作频率，减小了充放电功率，进而减小储能装置的容量，降低混合储能系统成本。直流母线电压维持在 1800V 左右，波动量相对较小，能够保障整体系统能量的可靠传输。

通过仿真研究得出，基于混合储能平抑笼型风电机组功率波动的控制策略能够满足波动功率的合理分配和维持风电有功平滑并网的控制目标。

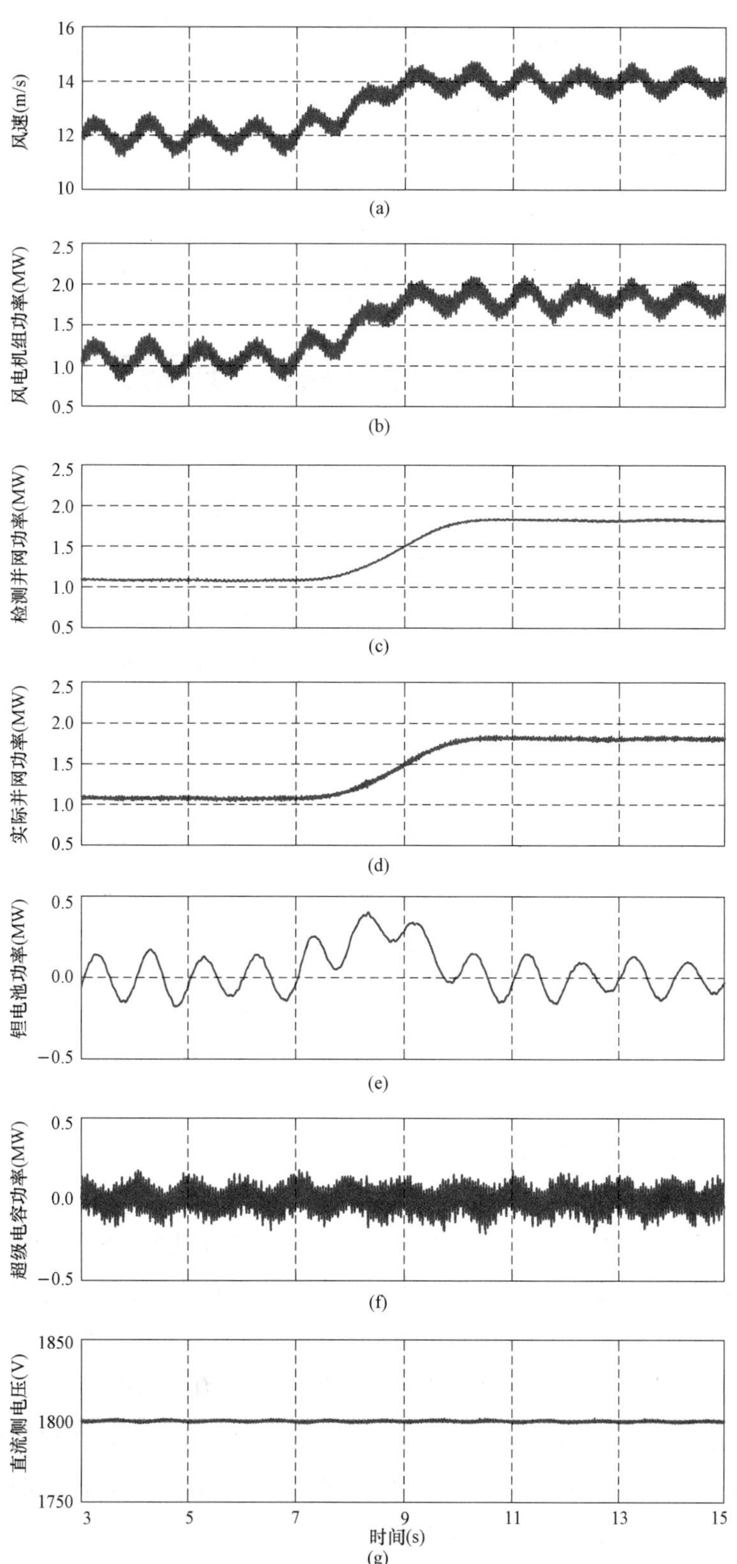

图 6-13　利用混合储能平抑笼型风电机组功率波动的仿真波形

实验平台的研制及实验研究

本章研制了笼型风电机组 STATCOM 的实验平台，主要包括笼型风电机组和 STATCOM 两部分。

（1）介绍基于转速控制笼型异步电动机（SCIM）的风力机模拟器工作原理，给出包括在 Matlab/Simulink 和 Matlab/Real - time Windows Target 软件环境下的风力机特性仿真模型、ACS800 变频器控制电动机和 PCI - 1710 的实验方案，并通过实验验证风力机特性模拟的可行性。

（2）介绍容量为±5kvar 的 STATCOM 实验装置的主电路设计、控制系统硬件和软件设计，主要包括装置的主电路及参数设计、直流侧电容起动充电电路设计、基于 SEED - DEC2812 的控制系统硬件电路设计和应用软件设计。

（3）实验研究干扰风作用下 STATCOM 改善笼型风电机组性能情况。实验结果表明，通过 STATCOM 快速连续地补偿笼型风电机组所需的无功功率，使机组从电网吸收的无功功率接近零，从而减小公共连接点的电压波动，改善了笼型风电机组的电能质量。

7.1 实验平台构成及原理

笼型风电机组 STATCOM 实验平台主要包括笼型风电机组、STATCOM 和电网等几部分，其结构如图 7 - 1 所示。其中，笼型风电机组包括风力机模拟器、笼型异步发电机（SCIG）；STATCOM 包括主电路、驱动电路、DSP 控制系统和电压电流检测电路等。

风力机模拟器采用笼型异步电动机作为原动机模拟风力机和机械传动链部分，笼型异步电动机驱动与控制采用 ABB 传动单元 ACS800，选用 PC 机作为风力机模拟器的控制器，在 Matlab/Simulink 和 Matlab/Real - time Windows Target 软件环境下，可以很容易地实现风力机特性，而且还可以方便地模拟风速变化及塔影效应等自然条件。

STATCOM 主电路采用 IGBT 智能集成功率模块，既可简化电路结构，又可提高系统的可靠性。由于 STATCOM 控制对运算精度、运算速度要求都比较高，因此选择将实时处

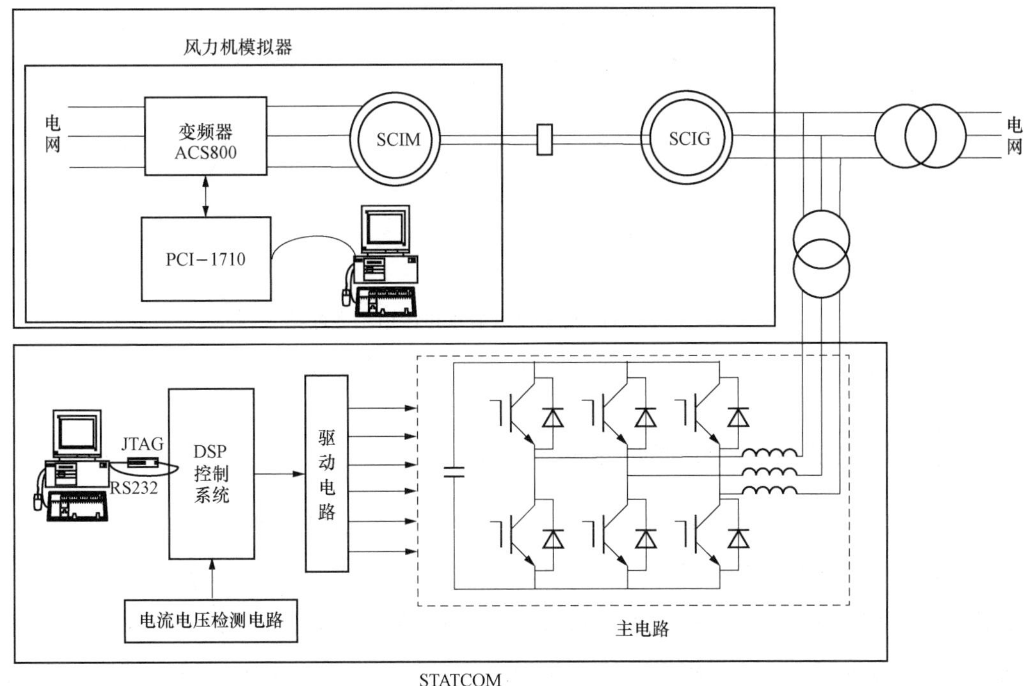

图 7-1 实验平台结构图

理能力和丰富的外设功能集于一身的 DSP TMS320F2812 作为控制芯片。DSP 控制系统实现对 STATCOM 控制的功能，主要包括电流电压数据采集、电流电压的 dq 变换、PI 调节、锁相环和 SPWM 等。

7.2 风力机模拟器原理及实现

风力机模拟器一般采用异步电动机、永磁同步电动机或直流电动机作为原动机模拟风力机特性。前两种电动机的风力机模拟器主要采用电压源型 PWM 变换器为电动机供电，通过矢量控制和直接转矩控制策略，控制电动机的电磁转矩与风力机的输出转矩一致，模拟风力机的转矩特性。直流电动机的风力机模拟器主要是采用控制直流电机的电枢电流，从而实现根据风力机风轮的转矩特性控制直流电机的转矩。

7.2.1 风力机特性

本实验所模拟的风力机 $C_P—\lambda$ 和 $C_T—\lambda$ 曲线如图 7-2 所示，根据这两条曲线，可计算得到不同风速和转速下风力机的功率—转速和转矩—转速特性曲线。

通常情况下，特性曲线可以用多项式来拟合，风力机转矩系数曲线可表示为

$$C_T(\lambda) = a_0 + \sum_{i=1}^{n} a_i \lambda^i \tag{7-1}$$

式中：λ 为叶尖速比；a_0、a_1 为转矩特性多项式系数。

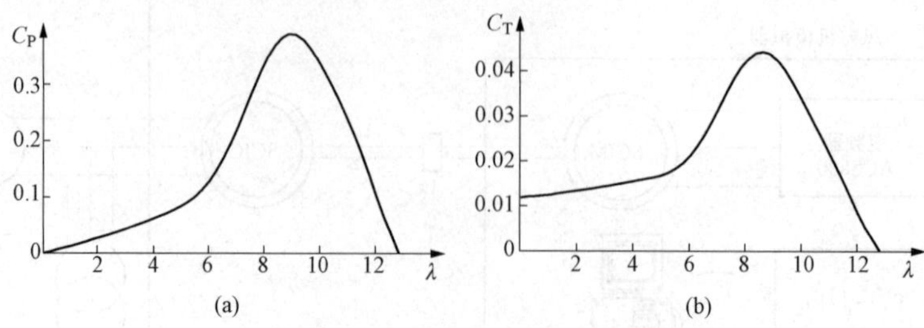

图 7-2　风力机风能利用系数和转矩系数曲线

（a）C_P—λ 曲线；（b）C_T—λ 曲线

7.2.2　风力机特性模拟的基本原理

本实验采用笼型异步电动机模拟风力机特性，驱动笼型异步发电机发电并直接并网，为了便于控制笼型风电机组并网运行，采用转速控制方式控制电动机运行。

不同风速下风力机转矩—转速和笼型异步发电机转矩—转速特性曲线如图 7-3 所示。当风力机与发电机转矩—转速特性曲线相交时（如 A_1～A_5点），风力机输出转矩与发电机的电磁转矩相等，系统处于平衡状态，这些交点为风电机组的稳定工作点。

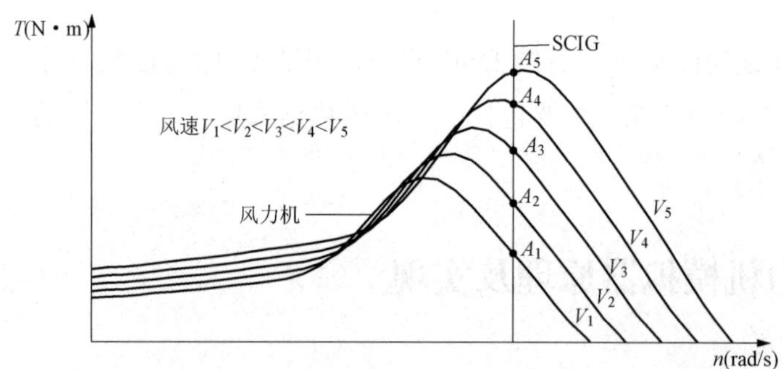

图 7-3　风力机转矩—转速和笼型异步发电机转矩—转速特性曲线

风力机模拟器的工作原理如图 7-4 所示，风力机特性输出转矩信号，根据笼型异步发电机转速与转矩的关系式计算出此转矩下对应的转速，控制笼型异步电动机按此转速运行，达到模拟风力机特性的目的。

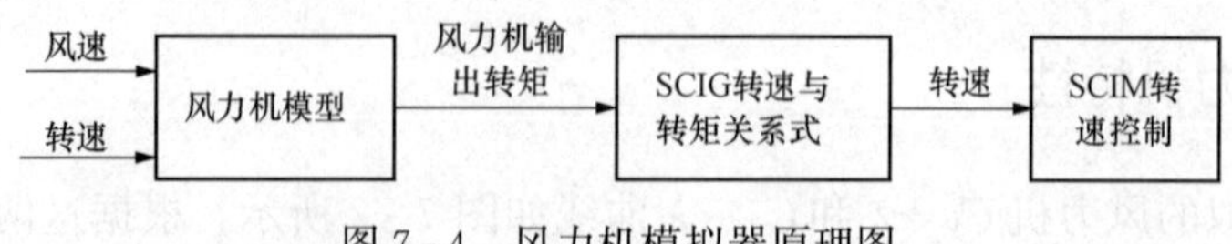

图 7-4　风力机模拟器原理图

7.2.3　风力机模拟器的组成原理

（1）总体结构及工作原理。风力机模拟器系统框图如图 7-5 所示，它主要包括测速发电机输出电压检测与调理电路、PCI-1710 数据采集卡、ACS800 变频器、计算机（PC）、笼型异步电动机和测速发电机（TG）。其工作原理是：测速发电机将电机转速信号转化为电压信号，由电压检测与调理电路转换为 0～10V 电压信号，经过 PCI-1710 数据采集卡模拟输入，作为 Matlab/Simulink 和 Matlab/Real-time Windows Target 软件环境下风力机模型的转速输入信号，风力机模型输出的转速信号再经 PCI-1710 数据采集卡模拟输出作为 ACS800 变频器的转速给定信号，最后通过 ACS800 变频器的转速控制功能控制笼型异步电动机运行。

（2）电压检测与调理电路。测速发电机输出电压的检测与调理电路如图 7-6 所示，其主要作用是将测速发电机输出的 0～55V 电压信号经电压霍尔 CHV-25P 和采样调理电路转换为 0～10V 的电压信号，作为 PCI-1710 数据采集卡的输入信号。

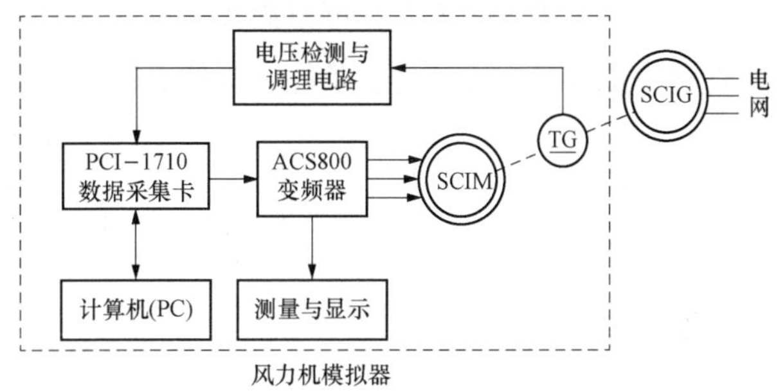

图 7-5　风力机模拟器系统框图

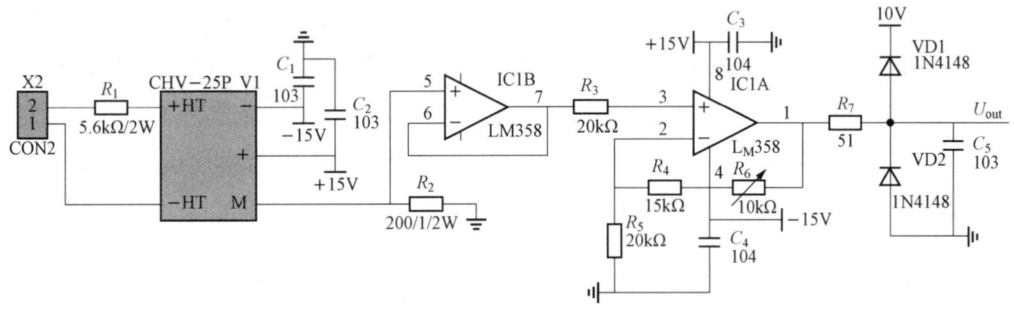

图 7-6　测速发电机输出电压的检测与调理电路

（3）PCI-1710 数据采集卡。PCI-1710 数据采集卡采用 PCI 总线数据传输方式，其先进的电路设计使得它具有更高的质量和更多的功能，其中包括 12 位 A/D 转换、D/A 转换、数字量输入、数字量输出和计数器/定时器五种最常用的控制和测量功能。其主要特点为：具有 16 路模拟输入通道，可以实现 16 路单端或 8 路差分模拟输入，还可以单端或差分输入的自由组合输入方式，而且每个通道的增益可编程；采样速率可达 100kHz 的 12 位 A/D 转换器；2 路 12 位模拟量输出通道，16 路数字量输入和 16 路数字量输出等。

PCI-1710 数据采集卡主要功能为：通过模拟输入通道采样电压检测与调理电路输出的关于转速的电压信号，为 Matlab/Simulink 和 Matlab/Real-time Windows Target 软件环境下搭建的风力机仿真模型提供转速信号，同时通过模拟输出通道将其产生的转速信号输出，作为 ACS800 变频器的转速控制的转速给定信号。

（4）ACS800 变频器。ACS800 变频器采用卓越的直接转矩控制（DTC）技术，其主要特点：①精确的速度控制功能。在无脉冲编码器情况下，静态速度误差为±0.1%～0.5%；

而在用脉冲编码器情况下，静态速度误差为±0.01%。②精确的转矩控制。即使不使用任何来自电机轴上的速度反馈，传动装置也能进行精确的转矩控制。在开环应用时，动态转矩阶跃响应上升时间为1～5ms。

ACS800变频器主要功能是根据风力机仿真模型输出的转速信号，通过其精确的转速控制功能控制电动机的转速。

（5）风力机仿真模型。在Matlab/Simulink和Matlab/Real-time Windows Target软件环境下搭建风力机仿真模型，可以简单方便地实现风速变化和塔影效应等，便于实现风力机特性和模拟各种变化的自然条件，其仿真模型如图7-7所示。风力机仿真模型主要包括风力机特性、笼型异步发电机转矩—转速特性、风速模型、PCI-1710输入和输出。

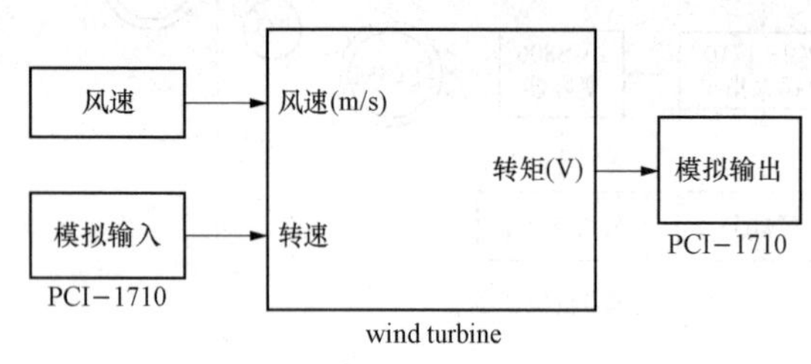

图7-7　风力机仿真模型

7.2.4　特性模拟的实验结果

本实验以实际的风力发电机为模拟对象，表7-1列出风力机、笼型异步电动机和笼型异步发电机的具体参数，风力机转矩特性C_T—λ曲线采用13次多项式拟合方法，转矩特性多项式系数见表7-2[91]。发电机转速的变化范围为1500～1550r/min，为了确保控制精度，风力机仿真模型输出为0～50r/min对应0～10V，ACS800变频器转速给定信号输入AI1设置为0V对应1500r/min，而10V对应1550r/min。

表7-1　风力机模拟器参数

设备	参数
风力机	额定功率：5kW，额定转速：223r/min，启动风速：4m/s，额定风速：9m/s，风轮直径：7m
SCIM SCIG	型号：Y132S-4，额定功率：5.5kW，额定转速：1440r/min，额定电压：380V，额定电流：11.6A，过载倍数：λ_M=2.3，起动转矩倍数：K_M=2.2，启动电流倍数：K_I=7.0

表7-2　转矩特性多项式系数

系数	取值	系数	取值
a_0	$1.1795023963\times10^{-2}$	a_7	$-1.0139248910\times10^{-4}$
a_1	$2.4778478507\times10^{-3}$	a_8	$3.4654555630\times10^{-5}$
a_2	$-6.5659246329\times10^{-3}$	a_9	$-5.7492199923\times10^{-6}$
a_3	$8.6945285059\times10^{-3}$	a_{10}	$5.5929520891\times10^{-7}$
a_4	$-5.3931176722\times10^{-3}$	a_{11}	$-3.2418775078\times10^{-8}$
a_5	$1.5664903422\times10^{-3}$	a_{12}	$1.0391895280\times10^{-9}$
a_6	$-6.1223373393\times10^{-5}$	a_{13}	$-1.4210983017\times10^{-11}$

风力机模拟器的实验结果如图7-8所示。其中，风力机特性曲线分别对应恒定风速6.8m/s、7m/s、7.2m/s、7.4m/s、7.6m/s、7.8m/s和8m/s。通过实验数据可以看出，风力机模拟器的运行转速基本与风力机和发电机转矩曲线交点的转速相吻合。

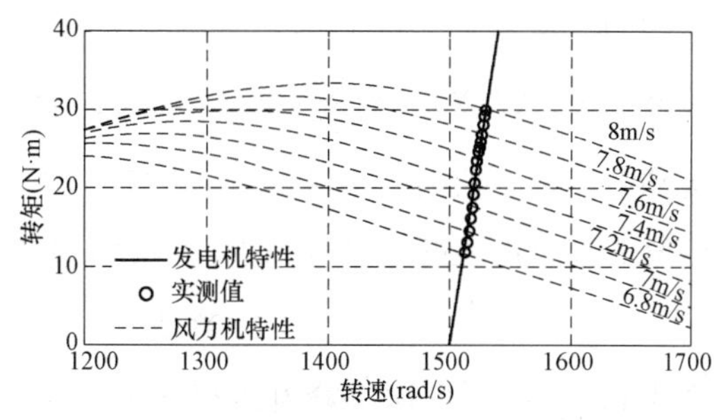

图7-8　风力机模拟器的实验结果

7.3　STATCOM实验装置主电路设计

7.3.1　STATCOM主电路结构

本实验设计的STATCOM额定容量为S_e=5kvar，输出额定电压U_e=173V，经变压器升压到380V后并网，直流侧电容电压U_{dc}=400V，STATCOM实验装置主电路如图7-9所示。它主要包括STATCOM主电路和直流侧电容起动充电电路两部分。

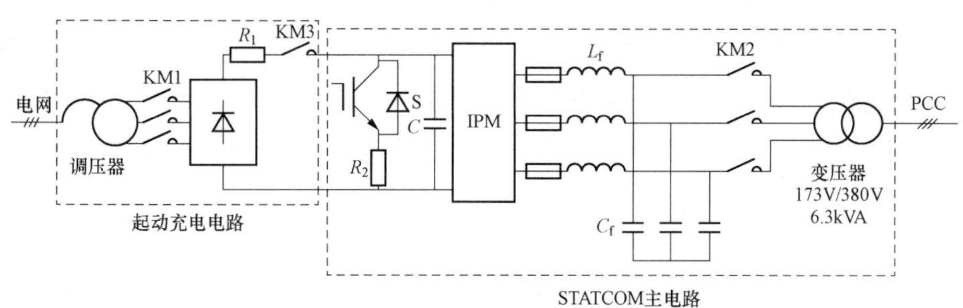

图7-9　STATCOM实验装置主电路图

STATCOM主电路主要包括IGBT智能功率模块IPM、连接电抗器、滤波电路、直流环节、泄放电路和接触器KM2等。其中，滤波电路采用LC滤波，滤波截止频率为650Hz；STATCOM停止运行或故障情况下，直流环节的能量通过泄放电路泄放，功率管S导通，直流环节的能量通过电阻R_2泄放；接触器KM2控制STATCOM并网。

STATCOM起动采用他励起动方式，通过不可控整流电路为直流侧电容充电，电阻R_1起限流作用。

7.3.2　主电路参数设计

STATCOM主电路及参数设计主要包括主电路智能功率模块选型、直流侧电容选取、连接电抗器参数计算等。

（1）开关器件IGBT选型。IGBT的选型主要是确定其额定工作电流和电压。开关器件IGBT的选择需要根据STATCOM装置的额定容量和直流侧电容电压等方面综合考虑，并留出适当的裕量[107-109]。

设计的 STATCOM 容量为 $S_e=5\text{kvar}$，直流侧电容电压为 400V。若忽略损耗，装置输出的无功电流额定值为 $I_e=5000/(\sqrt{3}\times173)=16.7(\text{A})$。考虑到谐波电流成分和上下桥臂反向恢复二极管的尖峰电流等因素，一般 IGBT 正常工作时峰值电流为

$$I_c(\text{峰值}) = 2\sqrt{2}I_e = 47(\text{A}) \tag{7-2}$$

考虑到 IGBT 关断时尖峰电压和直流电压动态变化等因素，通常 IGBT 额定电压应大于 2 倍的直流侧电容电压，所以选择额定工作电压为 1200V，额定工作电流为 50A，型号为 PM50RLA120 的三菱公司 IPM 模块。

三菱公司的 PM50RLA120 智能功率模块采用第五代低功耗 IGBT 管芯，内置优化后的栅极驱动电路，而且内部还有故障检测电路和保护电路，包括短路保护、过温保护和驱动电压欠电压保护。PM50RLA120 为七管封装，其中制动 IGBT 控制泄放电路泄放能量。

（2）直流侧电容选取。在理想条件下，STATCOM 与电网之间没有能量交换，直流电容主要作用为支撑直流侧电压稳定，而无需具有储能功能。而在实际 STATCOM 装置中，逆变器本身和变压器等设备的损耗、谐波和 PCC 电压不平衡等因素都会引起直流侧电容两端电压的波动，影响装置性能。因此，为了限制直流侧电压的波动在可接受的范围内，必须选取一定容量的电容。直流侧电容容量越大越有利于直流侧电压的稳定，电压波动越小，但成本也会相应增加，故需要在性能和成本上综合考虑。这里按照如下经验公式计算直流侧电容的取值

$$C = \frac{0.2I_e}{\omega U_{DC}K} \tag{7-3}$$

式中：K 为系统允许的直流电压波动系数。

取 $K=0.01$，可由式（7-3）估算出直流侧电容容量为 2659μF。因此，实际中，选择 12 个 1000μF/400V，采用 6 组电容并联，每组 2 个电容串联的连接方式。

（3）连接电抗器参数计算。在 STATCOM 装置中，连接电抗器的主要作用为缓冲电网与逆变器输出电压之间的差异，限制 STATCOM 输出电流中的高次谐波电流的大小。连接电抗器的电感值过小，导致其输出电流中的高次谐波含量增加；STATCOM 能输出的最大无功功率和连接电抗器的取值有关，为了获得相同的无功补偿容量，其取值越大，则直流侧电容电压越高，而且影响电流响应速度，降低了装置的可靠性，提高了整个装置的造价。

连接电抗器大小选取首先要满足 STATCOM 输出无功功率容量要求，装置能向系统注入的最大无功应大于装置的容量，则有

$$S_e \leqslant 3\,\frac{U_s(U_{cmax}-U_s)}{\omega L} \tag{7-4}$$

式中：U_s 为系统相电压的有效值；U_{cmax} 为逆变器输出最大相电压有效值，若 PWM 调制方法为正弦波调制（SPWM）时有 $U_{cmax}=0.353m_{max}U_{DC}$，$m_{max}$ 为最大调制比，一般取 0.9。

则连接电抗器应满足

$$L \leqslant 3\frac{U_s(U_{cmax}-U_s)}{314\times S_e}=\frac{\sqrt{3}\times 173\times(0.353\times 0.9\times 400-100)}{314\times 5000}=5.1(\mathrm{mH})$$

从抑制 STATCOM 输出电流中的高次谐波电流的角度来说，连接电抗器不能取得太小，综合考虑，选取电流 50A，2mH 的电感作为连接电抗器。

7.3.3 直流侧电容起动充电电路设计

STATCOM 并网起动方式有自励起动、半自励起动和他励起动。自励起动方式对系统冲击很大，因此，实际装置中很少采用。半自励起动方式是在直流侧电容的电压为零时并网，同时封锁驱动脉冲，通过 IGBT 反并联二极管给电容充电，当电容电压到达一定值时，发 PWM 脉冲，STATCOM 控制系统运行，半自励起动对系统有一定的冲击。他励起动方式首先经辅助充电电路为直流侧电容器充电，当直流电压达到一定值后，切断充电电路，根据 PCC 电压的相位、幅值和频率发 PWM 脉冲，而后 STATCOM 并网运行，他励起动方式并网几乎没有冲击电流。本设计采用他励起动方式。

直流侧电容起动充电电路主要由调压器、不可控整流电路、限流电阻、接触器和固态继电器组成。

根据直流电压 400V 选取型号为 SQL5010 的三相不可控整流桥模块，其参数为反向峰值电压 $V_{RSM}=1000\mathrm{V}$，直流输出平均电流 $I_{DAV}=50\mathrm{A}$。

限流电阻 R_1 的作用是为了防止电网直接对电容充电形成涌流而损坏整流桥模块。限流电阻的选取应使涌流峰值小于整流桥模块的额定工作电流，所以电阻的阻值应当大于最大整流电压峰值与整流桥模块的额定工作电流的比值，即

$$R_1 \geqslant \frac{400}{50}=8(\Omega)$$

限流电阻的热容量可由下面的经验公式计算得到

$$W=\frac{U_m^2 C}{K}\times 10^{-3} \tag{7-5}$$

式中：U_m为整流峰值电压，$U_m=400\mathrm{V}$；K 为常数，限流电阻为普通电阻时 $K=4000$，限流电阻为抗冲击电阻时 $K=8000$。

通过计算，限流电阻选用铝壳电阻 50Ω/100W 可满足要求。

7.4 STATCOM 控制系统硬件电路设计

7.4.1 硬件电路总体结构

控制系统是 STATCOM 装置的重要组成部分之一，直接控制 STATCOM 的运行状态，影响 STATCOM 输出性能。STATCOM 控制系统的硬件电路结构如图 7-10 所示。它主要

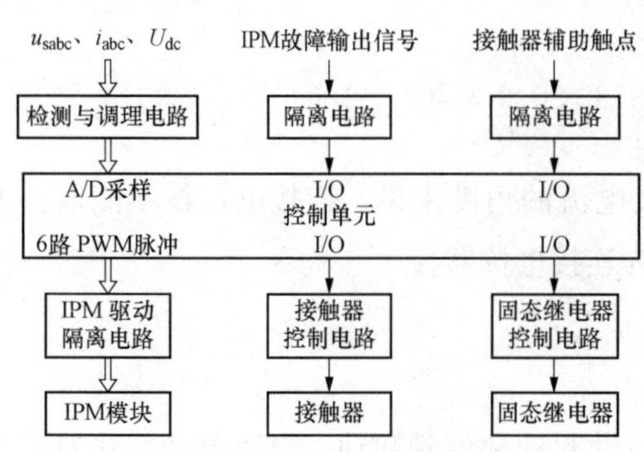

图7-10　STATCOM控制系统的硬件电路结构图

包括控制单元、电压电流检测电路、IPM控制信号与PWM信号之间的驱动隔离电路、IPM故障信号、接触器辅助触点信号与控制单元I/O之间隔离电路和接触器和固态继电器控制电路等。

7.4.2　控制单元选型及功能

STATCOM控制器主要完成STATCOM起动与停止、电流电压采样及3s/2r变换、锁相环、SPWM和电流电压的PI控制等功能，计算量大，流程复杂，而STATCOM的控制要求运算速度快、精度高和实时性好，特别是PWM的精度影响STATCOM无功调节光滑度和输出的谐波含量。

单片机一般使用冯·诺依曼存储器结构，但CIP-51微控制器核采用流水线结构，最大时钟频率能达到50MHz，指令执行速度有很大的提高。可是其与数字信号处理器（DSP）相比，在计算速度和片上外设功能等方面明显存在不足之处。DSP的主频很高，如TMS320F2812的主频可达150MHz，采用改进的哈佛总线结构、流水线操作和内置高速的硬件乘法器，具有快速计算的能力；而且DSP具有强大的和高精度的片上外设，如16路ADC、两个事件管理器形成12路可编程死区的PWM脉冲信号等。所以，本实验选用北京和众达开发的TMS320F2812嵌入式控制模板SEED-DEC2812作为STATCOM的控制单元。

SEED-DEC2812主要集成了DSP芯片TMS32F2812、SRAM、A/D、D/A、PWM、UART、CAN、USB和串行EEPROM＋RTC实时时钟等外设，广泛应用于电机和电力等工业控制领域。

定点32位DSP TMS320F2812是德州仪器（TI）公司首推一款高性能、多功能、高性价比的处理芯片，广泛用于处理速度和处理精度要求较高的工业控制领域。该芯片处理速度快，最高工作主频150MHz；采用哈佛总线结构；片内存储器有18K×16位零等待周期的SRAM、128K×16位的Flash（存取时间36ns）、4K×16位的BootROM和1K×16位的OTPROM，还可外扩1M×16程序和数据存储器；可支持多达96个外部中断，有3个外部中断引脚和外部中断扩展PIE模块；3个独立的32位CPU定时器；56个可独立编程的通用输入/输出GPIO引脚。该芯片片上外设主要包括：16路12位精度的ADC，最快转换时间80ns，有两个采样保持电路和两个独立的8状态排序器，可实现同步采样或顺序采样模式；两个事件管理模块EVA和EVB，每个事件管理模块包括两个16位定时器、3个全比较器产生，可产生6路可编程死区PWM信号，捕获单元和正交脉冲编码电路；2路SCI；1路SPI；1路McBSP和1路eCAN等。

7.4.3 检测电路设计

电压、电流传感器主要有电磁型互感器和霍尔传感器。电磁型互感器存在漏磁和线圈阻抗，对于动态和低频电流信号的测量精度不高，只适用于50Hz工频信号的测量，而且动态响应慢。相比之下，霍尔电流、电压传感器具有诸多优点，如动态响应快、线性度好（优于0.1%）、频率范围宽（0～100kHz）、精度高（优于1.0%）、过载能力强和不损失被测电路能量等，是一种先进的能隔离主电路与控制电路的检测元件。考虑检测精度，这里采用霍尔电流、电压传感器检测三相交流电压和电流以及直流侧电压。

电流的检测与调理电路如图7-11所示。选用CHB-25NP闭环霍尔电流传感器作为电流检测元件，其额定电流25A、测量范围0～±36A、测量电流25mA，能够满足本实验的要求。首先交流电流经传感器CHB-25NP和测量电阻转换为0～±3V交流电压信号，然后经过调理电路将其转换为0～3V电压信号，满足SEED-DEC2812中A/D输入信号的要求。

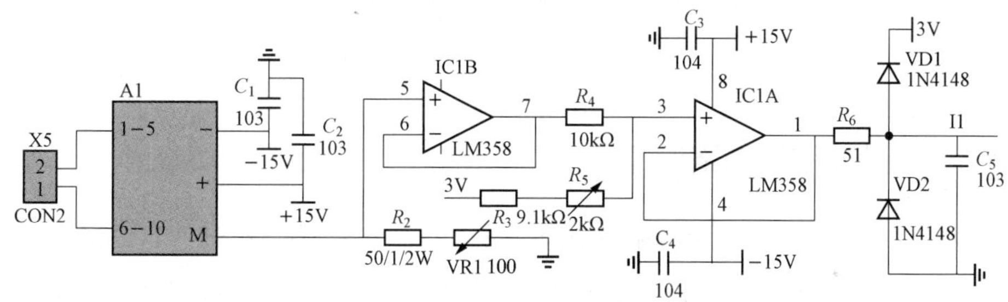

图7-11 电流的检测与调理电路

STATCOM直流侧电压为400V，选用闭环霍尔电压传感器CHV-25P作为直流电压的检测元件，直流电压检测与调理电路如图7-12所示。CHV-25P额定电流为10mA，对应的测量电流为25mA。直流电压经采样电阻、CHV-25P和测量电阻后转化为0～3V电压信号，作为A/D输入信号。其中，电压跟随器的作用为减少后级的负载效应。

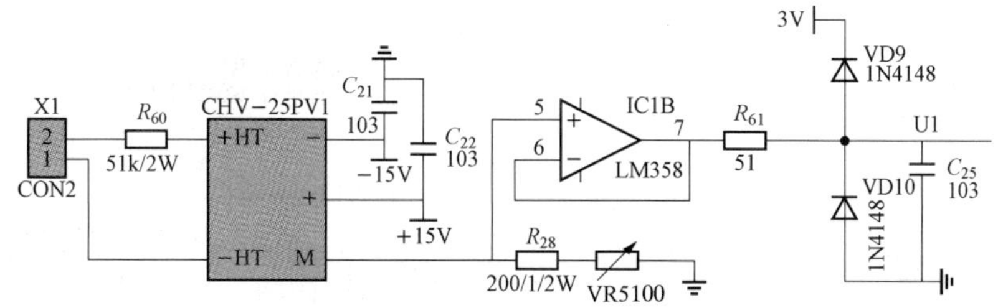

图7-12 直流电压检测与调理电路

7.4.4 驱动隔离电路设计

为了保证实验装置的可靠安全运行，SEED-DEC2812的I/O口与IPM的输入/输出端子之间需要接入光耦隔离电路，使低压控制电路与高压逆变电路隔离，同时起抗干扰和驱动的作用。

SEED-DEC2812 的 PWM 信号输出端与 IPM 控制信号输入端之间需要加入 HCPL-4504 高速光耦驱动隔离电路，如图 7-13 所示。HCPL-4504 是美国安捷伦公司专为 IPM 等功率器件设计的高速光电隔离接口芯片，其瞬间共模比大于 10kV/μs，内部集成高灵敏度光传感器。当 UPin 为低电平时，HCPL-4504 导通，UP 为低电平，IPM 中相应的 IGBT 导通；当 UPin 为高电平时，HCPL-4504 截止，UP 为高电平，IPM 中相应的 IGBT 截止。

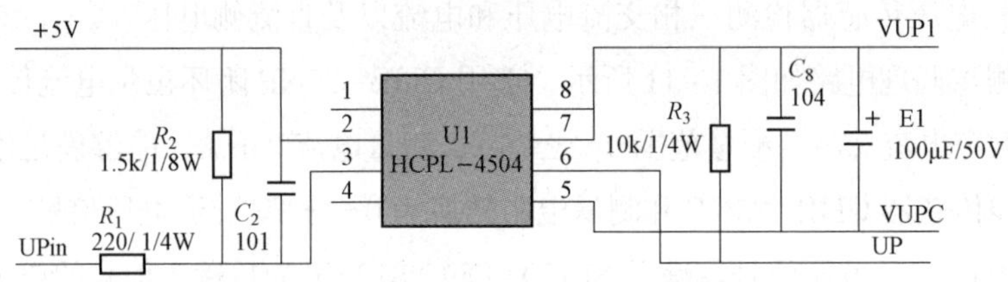

图 7-13　高速光耦驱动隔离电路

VUP1—电源正极；VUPC—电源负极

7.4.5　接触器控制电路设计

本实验平台中共有两个接触器和一个固态继电器，分别为控制 STATCOM 并网的接触器 KM2、控制直流侧电容起动充电电路的接触器 KM1 和控制直流侧起动充电电路与直流侧电容连接的固态继电器 KM3。接触器和固态继电器的控制线圈电压都是采用直流 24V 控制，它们的控制电路基本一致，如图 7-14 所示。其中，光耦隔离芯片 TLP521 起隔离作用。当 DSP 的 I/O 口输出控制信号为低电平时，TLP521 导通，则 T3 也导通，有电流流过接触器的控制线圈，接触器动合辅助触点闭合，随之接触器吸合，电路接通。当 I/O 口输出高电平时，TLP521、T3 都截止，接触器控制线圈中没有电流流过，接触器动断辅助触点打开，接触器断开。

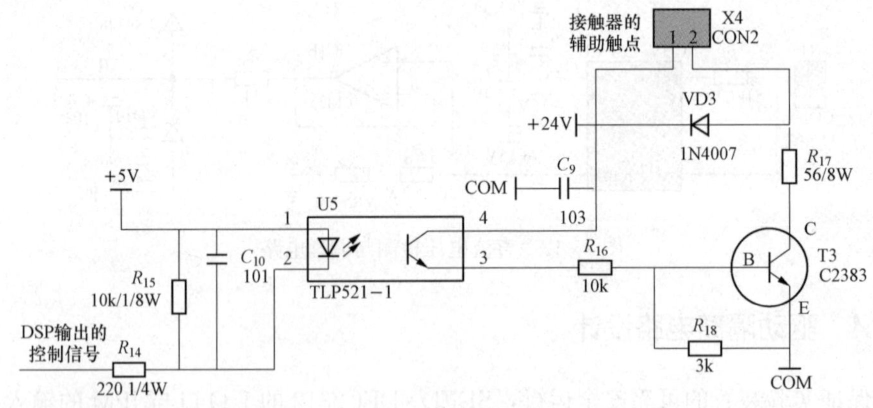

图 7-14　接触器控制电路

7.5 STATCOM 控制系统软件设计

7.5.1 控制功能要求及程序安排

（1）控制功能要求。STATCOM 的控制功能主要包括实现动态无功补偿的控制算法及保护装置自身安全的保护功能。前者主要完成电压电流数据采集、检测三相电压的相位、STATCOM 控制算法实现、计算相位 θ 和调制比 M、生成 SPWM 信号、STATCOM 起动和停止控制等。后者要求当 IPM 处于过电流、过电压、过热等异常工作状态时，保护中断封锁 PWM 脉冲，防止 IPM 损坏。

（2）程序安排。由于控制算法实时性要求较高，通常在中断服务程序中实现，而保护功能更加紧迫，具有更高级别的中断。对于启动、初始化、人机交互等非实时的任务，一般在主程序中实现。

根据上述原则，STATCOM 的控制任务分别在主程序和中断服务程序中实现，具体任务为：①主程序主要完成系统初始化、控制直流侧电容起动充电和 STATCOM 并网等。②中断服务程序包括功率模块保护中断（PDPINTA）服务程序和 GP 定时器 1 下溢中断（T1UFINT）服务程序。功率模块保护中断是最高级别中断，当保护电路发出故障信号时，封锁 PWM 脉冲，保护 STATCOM 系统。定时器 1 下溢中断服务程序主要完成 STATCOM 控制算法，包括电压电流的采样、锁定相位，电压电流的 3s/2r 变换，PI 调节器，计算 STATCOM 输出电压的调制比和相角，生成 SPWM 脉冲信号。

为了增强程序的可读性及提高编程效率及可靠性，拟将主程序和中断服务程序中的部分功能模块封装为功能子程序，主要包括电压电流采样，锁相环，SPWM，Clark 变换，Park 变换和 PI 调节器子程序。部分子程序的功能介绍如下：

（1）电压电流采样子程序。它主要完成 PCC 电压电流和直流电压的实时采样、滤波、校正和标幺化计算。ADC 采样采用顺序采样方式，采样信号的滤波采用平均值滤波和低通滤波两种方式。

（2）锁相环子程序。为了保证 STATCOM 输出电压和 PCC 电压同步，必须锁定 PCC 三相电压相位，为系统控制提供基准。锁相环子程序采用软锁相环技术，锁定 A 相相位。

（3）SPWM 子程序。根据控制算法输出的调制比 M 和相位 θ 计算 SPWM 脉冲信号的脉宽时间，SPWM 采用不对称规则采样法，定义死区时间为 3.84μs，载波频率为 10kHz。

STATCOM 的控制对快速性要求较高，所以控制系统的采样周期为 100μs，PWM 频率为 10kHz。为了加快计算速度，算法实现过程中所有的 sin 和 cos 函数都采用查表法，在程序数据区事先定义了 512 点半周期（0～π）的正弦函数表，正弦函数值采用 Q15 的数据格式表示，保证精度。

7.5.2 主程序及中断服务程序流程图

（1）主程序。主程序主要完成变量和常量定义和初始化、系统初始化［包括 F2812 系统内部各寄存器的初始化、系统中断初始化、ADC 初始化、事件管理器（EV）初始化和 GPIO 初始化等］、控制直流侧电容起动充电和 STATCOM 并网、使能中断和响应中断服务程序。主程序流程图如图 7-15 所示。

（2）中断服务程序。在本设计中使用的中断有功率模块保护中断 PDPINTA 和定时器 1 下溢中断 T1UFINT。功率模块保护中断是优先级最高的中断，当 IPM 输出故障信号时，$\overline{\text{T1CTRIP_PDPINTA}}$为低电平，响应 PDPINTA 中断，封锁 PWM 脉冲信号，保护 STATCOM 系统。定时器 1 下溢中断服务程序主要完成 STATCOM 控制算法，包括电压电流的采样、ADC 校正、滤波和标幺化，执行锁相环子程序锁定 PCC 电压相位，电压和电流信号的 dq 变换，电压控制环 PI 控制，有功和无功电流控制内环 PI 控制，根据控制量计算 STATCOM 输出电压的调制比和相位，最后执行 SPWM 子程序生成 PWM 脉冲信号。定时器 1 下溢中断服务程序流程图如图 7-16 所示。

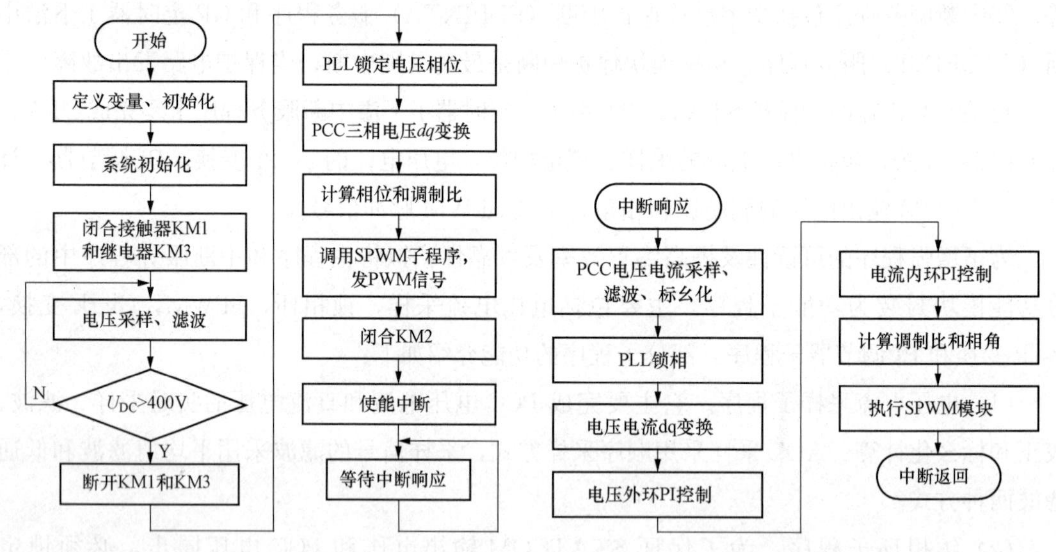

图 7-15 主程序流程图　　图 7-16 定时器 1 下溢中断服务程序流程图

7.6 STATCOM 改善笼型风电机组性能的实验结果及分析

根据上述设计过程，本实验研制了笼型风电机组 STATCOM 实验平台，其实物如图 7-17 所示。STATCOM 改善笼型风电机组性能的实验应包括电能质量和低电压穿越两方面，但受实验室实验条件限制，本实验只针对风速变化情况下，STATCOM 改善笼型风电机组电能质量进行实验研究。

(1) 干扰风。干扰风轮廓如图 7-18 所示，其平均风速为 7.5m/s，风速变化范围为 7.0～8.0m/s。

(2) 无 STATCOM 时的实验波形。图 7-19 为无 STATCOM 时 PCC 电压、有功和无功功率的实验波形。从图中可以看出，异步发电机在向电网输出有功功率的同时，为了满足励磁电流和转子漏磁的需要，还必须从电网吸收无功功率，引起 PCC 电压降低，低于额定电压 380V；风速变化引起笼型风电机组输出的有功功率和吸收的无功功率的波动，从而导致 PCC 电压在 376～379V 之间波动，波动范围为 −1.05%～−0.26%。

图 7-17 笼型风电机组 STATCOM 实验平台

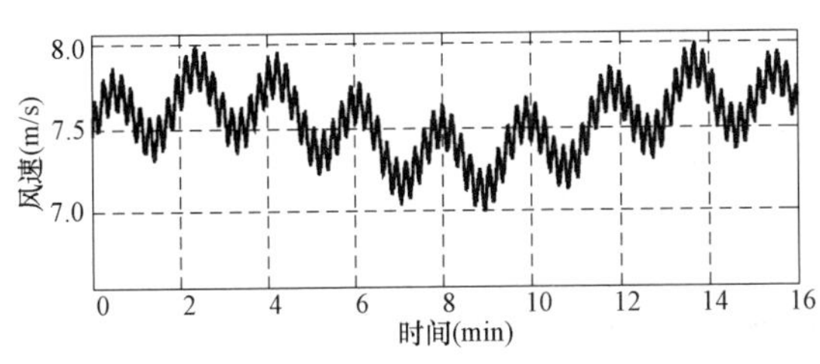

图 7-18 风速曲线

(3) 有 STATCOM 时的实验波形。有 STATCOM 时实验波形如图 7-20 所示。从图中可以看出，STATCOM 能根据笼型风电机组所需无功功率快速地、平滑地调节其输出的无功功率，满足笼型发电机组的无功需求，使机组从电网吸收的无功功率接近零，PCC 的功率因数接近 1；同时 PCC 电压在 378.5～380.5V 之间波动，波动范围为 −0.39%～0.16%，说明 STATCOM 能减小 PCC 电压波动，并使其接近额定值 380V，改善笼型风电机组的电能质量。此外，在控制系统的调节过程中直流侧电容电压在 400.1～398.7V 间波动，基本维持 400V。

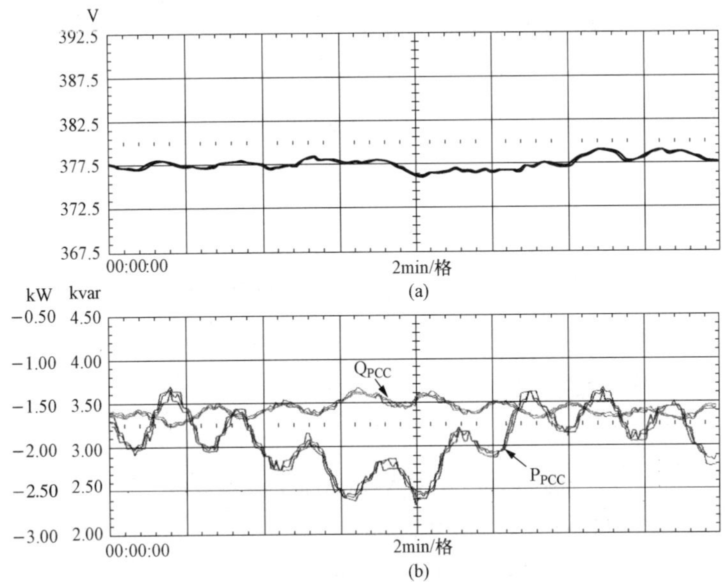

图 7-19 无 STATCOM 时的实验波形

(a) PCC 电压；(b) PCC 有功和无功功率

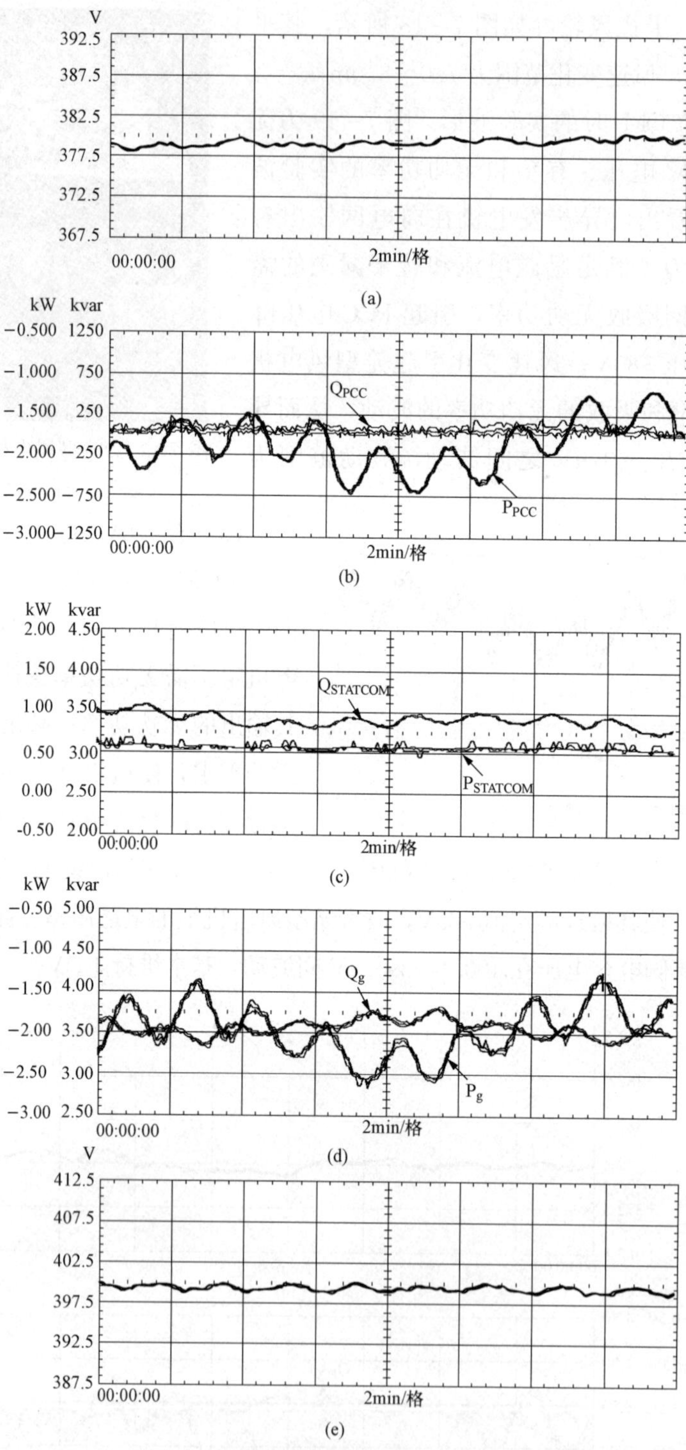

图 7-20 有 STATCOM 时的实验波形

(a) PCC 电压；(b) PCC 有功和无功功率；(c) STATCOM 有功和无功功率；(d) SCIG 有功和无功功率；(e) 直流侧电压

参 考 文 献

[1] 王承熙，张源．风力发电［M］．北京：中国电力出版社，2002.

[2] 尹炼，刘文洲．风力发电［M］．北京：中国电力出版社，2002.

[3] 全球风能理事会（GWEC）．2019 全球风电发展报告（Global Wind Report 2019）［EB/OL］，http：//news. bjx. com. cn/html/20200330/1059179. shtml，2021 - 01 - 20.

[4] Li H，Chen Z. Overview of different wind generator systems and their comparisons［J］．IET Renewable Power Generation，2008，2（2）：123 - 138.

[5] Yaramasu V，Wu B，Sen P C，et al. High - power wind energy conversion systems：state - of - the - art and emerging technologies［J］．Proceedings of the IEEE，2015，103（5）：740 - 788.

[6] Beainy A，Maatouk C，Moubayed N，et al. Comparison of different types of generator for wind energy conversion system topologies［C］．3rd International Conference on Renewable Energies for Developing Countries（REDEC），Beirut，LEBANON，2016.

[7] 康祎龙，郑婷婷，苗世洪，等．不平衡电网电压下双馈感应发电机系统串联和并联网侧变换器协调控制策略［J］．电工技术学报，2018，33（S1）：193 - 204.

[8] 施耀华，冯延晖，任铭，等．融合电流和振动信号的永磁同步风力系统变流器故障诊断方法研究［J］. 中国电机工程学报，2020，40（23）：7750 - 7759.

[9] 秦伟，冯延晖，邱颖宁，等．基于等模补偿比和 SVPWM 八扇区划分的直驱式风力发电系统变流器容错控制［J］．中国电机工程学报，2019，39（2）：376 - 385.

[10] 陈益广，刘培帅，王雅然．4. 25MW 鼠笼异步风力发电机传热特性数值模拟［J］．电力系统及其自动化学报，2018，30（7）：90 - 95.

[11] 赵海翔，陈默子，戴慧珠．风电并网引起闪变的测试系统仿真［J］．太阳能学报，2005，26（1）：28 - 32.

[12] 吴义纯，丁明．风电引起的电压波动与闪变的仿真研究［J］．电网技术，2009，33（20）：125 - 130.

[13] 孙涛，王伟胜，戴慧珠．风力发电引起的电压波动和闪变［J］．电网技术，2003，27（12）：62 - 70.

[14] GB/T 19963 - 2011. 风电场接入电力系统技术规定［S］．

[15] Kasem A H，Saadany E F，Tamaly H H. Power ramp rate control and flicker mitigation for directly grid connected wind turbines［J］．IET Renewable Power Generation，2010，4（3）：261 - 271.

[16] Fadaeinedjad R，Moschopoulos G，Moallem M. Using STATCOM to mitigate voltage fluctuations due to aerodynamic aspects of wind turbines［C］．IEEE Power Electronics Specialists Conference. PESC 2008，2008：3648 - 3654.

[17] Fadaeinedjad R，Moschopoulos G，Ghareveisi A. Utilizing a STATCOM to prevent the flicker propagation in a wind power system［C］．2010 IEEE Energy Conversion Congress and Exposition，ECCE 2010：679 - 686.

[18] Muyeen S M，Ali M H，Takahashi R，et al. Stabilization of wind farms connected with multi machine

power system by using STATCOM [C] . 2007 IEEE Lausanne Powertech：299 - 304.

[19] Han C，Huang A Q，Baran M E. STATCOM impact study on the integration of a large wind farm into a weak loop power system [J] . IEEE Transactions on Energy Conversion，2008，23 (1)：226 - 233.

[20] Elnashar M，Kazerani M，Shatshat R E. Comparative evaluation of reactive power compensation methods for a stand - alone wind energy conversion system [C] . 39th IEEE Annual Power Electronics Specialists Conference，PESC '08，2008：4539 - 4544.

[21] Wei Q，Ronald G. H. Power quality and dynamic performance improvement of wind farms using a STATCOM [C] . IEEE 38th Annual Power Electronics Specialists Conference，2007：1832 - 1838.

[22] Mesut E B，Sercan T，Loren A. STATCOM with energy storage for smoothing intermittent wind farm power [C] . IEEE Power and Energy Society 2008 General Meeting：Conversion and Delivery of Electrical Energy in the 21st Century，2008.

[23] Muyeen S M，Ali M H，Takahashi R，et al. Wind generator output power smoothing and terminal voltage regulation by using STATCOM /ESS [C] . 2007 IEEE Lausanne Powertech，2007：1232 - 1237.

[24] Wang L，Hsiung C T. Dynamic stability improvement of an integrated grid - connected offshore wind farm and marine - current farm using a STATCOM [J] . IEEE Transactions on Power Systems，2011，26 (2)：690 - 698.

[25] 张飞，鲍海．电池储能系统 - 静止同步补偿器集成单元模型在风电场并网计算中的应用 [J]．电网技术，2010，34 (9)：211 - 215.

[26] 项真，解大，龚锦霞．用于风电场无功补偿的 STATCOM 动态特性分析 [J]．电力系统自动化，2008，32 (9)：92 - 95.

[27] 兰华，尹鹏，蔡国伟．风电场中静止同步补偿器的输入 - 输出反馈线性化控制 [J]．电网技术，2009，33 (17)：141 - 145.

[28] 王成福，梁军，张利．基于静止同步补偿器的风电场无功电压控制策略 [J]．中国电机工程学报，2010，30 (25)：23 - 28.

[29] 靳静，艾芊，赵岩．FACTS装置在风电场中的无功补偿原理与仿真 [J]．电力自动化设备，2007，27 (8)：57 - 61.

[30] Mohod S W，Aware M V. A STATCOM - control scheme for grid connected wind energy system for power quality improvement [J] . IEEE Systems Journal，2010，4 (3)：346 - 352.

[31] Marta M，Jon A S，Tore U. Low voltage ride through of wind farms with cage generators：STATCOM versus SVC [J] . IEEE Transactions on Power Electronics，2008，23 (3)：1104 - 1117.

[32] Rodriguez P，Luna A，Medeiros G. Control of STATCOM in wind power plants based on induction generators during asymmetrical grid faults [C] . 2010 International Power Electronics Conference，IPEC 2010，2010：2066 - 2072.

[33] Cuong D L，Math H J Bollen. Ride - through of induction generator based wind park with switched capacitor，SVC，or STATCOM [C] . IEEE PES General Meeting，PES 2010.

[34] Sheikh M R I，Muyeen S M，Rion T. Minimization of fluctuations of output power and terminal voltage of wind generator by using STATCOM/SMES [C] . 2009 IEEE Bucharest PowerTech：Innovative Ide-

as Toward the Electrical Grid of the Future.

[35] Mohamed S E M, Birgitte B J, Mansour H A R. Novel STATCOM controller for mitigating ssr and damping power system oscillations in a series compensated wind park [J]. IEEE Transactions on Power Electronics, 2010, 25 (2): 429 - 441.

[36] Jon A S, Molinas M, Tore U. STATCOM - based indirect torque control of induction machines during voltage recovery after grid faults [J]. IEEE Transactions on Power Electronics, 2010, 25 (5): 1240 - 1250.

[37] Molinas M, Jon A S, Tore U. Extending the life of gear box in wind generators by smoothing transient torque with STATCOM [J]. IEEE Transactions on Industrial Electronics, 2010, 57 (2): 476 - 484.

[38] Molinas M, Jon A S, Tore U. Torque transient alleviation in fixed speed wind generators by indirect torque control with STATCOM [C]. 2008 13th International Power Electronics and Motion Control Conference, EPE - PEMC 2008, 2008: 2318 - 2324.

[39] Haizea G, Ion E O, Dan O, et al. Real - time analysis of the transient response improvement of fixed - speed wind farms by using a reduced - scale STATCOM prototype [J]. IEEE Transactions on Power Systems, 2007, 22 (2): 658 - 666.

[40] Ali M H, Wu B. Comparison of stabilization methods for fixed - speed wind generator systems [J]. IEEE Transactions on Power Delivery, 2010, 25 (1): 323 - 331.

[41] Chen W L, Liang W G, Gau H S. Design of a mode decoupling STATCOM for voltage control of wind - driven induction generator systems [J]. IEEE Transactions on Power Delivery, 2010, 25 (3): 1758 - 1766.

[42] Hossain M J, Pota H R, Ugrinovskii V A, et al. Simultaneous STATCOM and pitch angle control for improved LVRT capability of fixed - speed wind turbines [J]. IEEE Transactions on Sustainable Energy, 2010, 1 (3): 142 - 150.

[43] Lahaçani N. A, Aouzellag D, Mendil B. Static compensator for maintaining voltage stability of wind farm integration to a distribution network [J]. Renewable Energy, 2010, 35: 2476 - 2482.

[44] Wei Q, Harley R G, Venayagamoorthy G K. Coordinated reactive power control of a large wind farm and a STATCOM using heuristic dynamic programming [J]. IEEE Transactions on Energy Conversion, 2009, 24 (2): 493 - 503.

[45] Wei Q, Venayagamoorthy G K, Harley R G. Real - time implementation of a STATCOM on a wind farm equipped with doubly fed induction generators [J]. IEEE Transactions on Industry Applications, 2009: 45 (1): 98 - 107.

[46] Arulampalam A, Barnes M, Jenkins N. Power quality and stability improvement of a wind farm using STATCOM supported with hybrid battery energy storage [J]. IEE Proceedings: Generation, Transmission and Distribution, 2006, 153 (6): 701 - 710.

[47] N. Slepchenkov Mikhail, Smedley Keyue Ma, Wen Jun. Hexagram - converter - based STATCOM for voltage support in fixed - speed wind turbine generation systems [J]. IEEE Transactions on Industrial Electronics, 2011, 58 (4): 1120 - 1131.

[48] 周伟，晁勤. 新型无功补偿器在异步风力发电机上应用的仿真研究 [J]. 可再生能源，2008，26 (2)：20-23.

[49] 张新燕，王维庆. 风力发电机并网后的电网电压和功率分析 [J]. 电网技术，2009，33 (17)：130-134.

[50] 邹超，王奔，鲍鹏. STATCOM在风力发电场中的应用 [J]. 电气传动，2008，38 (12)：46-49.

[51] 张锋，晁勤. STATCOM 改善风电场暂态电压稳定性的研究 [J]. 电网技术，2008，32 (9)：70-73.

[52] 范高锋，迟永宁，赵海翔. 用 STATCOM 提高风电场暂态电压稳定性 [J]. 电工技术学报，2007，22 (11)：158-162.

[53] 易鹏，李凤婷. 应用于风电场的 STATCOM 的仿真研究 [J]. 可再生能源，2010，28 (6)：22-25.

[54] 倪林，袁荣湘，张宗包. 大型风电场接入系统的控制方式和动态特性研究 [J]. 电力系统保护与控制，2011，39 (8)：75-85.

[55] Moursi M S. Fault ride through capability enhancement for self-excited induction generator-based wind parks by installing fault current limiters [J]. IET Renewable Power Generation，2011，5 (4)：269-280.

[56] Wessels C，Hoffmann N，Molinas M. STATCOM control at wind farms with fixed-speed induction generators under asymmetrical grid faults [J]. IEEE Transactions on Industrial Electronics，2013，60 (7)：2864-2873.

[57] 郑重，杨耕，耿华. 配置 STATCOM 的 DFIG 风电场在不对称电网故障下的控制策略 [J]. 中国电机工程学报，2013，33 (9)：27-38.

[58] Moursi M E，Goweily K，Badran E A. Enhanced fault ride through performanceof self-excited induction generator-based wind park during unbalanced grid operation [J]. IET Power Electronics，2013，6 (8)：1683-1695.

[59] 徐硕，鲁杰，庞博. 联合分布式电源并网应用的储能技术发展现状 [J]. 电器与能效管理技术，2018，11：14-20.

[60] 李朝东. 微电网混合储能系统控制策略研究 [D]. 哈尔滨：哈尔滨工业大学，2014.

[61] 建林，马会萌，惠东. 储能技术融合分布式可再生能源的现状及发展趋势 [J]. 电工技术学报，2016，31 (14)：1-10.

[62] 郭金金，吴红斌. 平抑风电波动的混合储能协调优化控制方法 [J]. 太阳能学报，2016，37 (10)：2695-2702.

[63] 于芃，周玮，孙辉. 用于风电功率平抑的混合储能系统及其控制系统设计 [J]. 中国电机工程学报，2011，31 (17)：127-133.

[64] 王境彪，晁勤，王一波. 基于主次双尺度交集切割效应的混合储能平抑风功率波动控制 [J]. 电网技术，2015，39 (12)：3369-3377.

[65] Chad A，Wei L，Géza J. An online control algorithm for applicationof a hybrid ESS to a wind-diesel system [J]. IEEE Transactions on Industrial Electronics，2010，57 (12)：3896-3904.

[66] 蒋平，熊华川. 混合储能系统平抑风力发电输出功率波动控制方法设计 [J]. 电力系统自动化，2013，37 (10)：122-127.

［67］ Mendis N，Muttaqi K M，Perera S. Management of low - and high - frequency power components in demand - generation fluctuations a DFIG - based wind - dominated RAPS system using hybrid energy storage［J］. IEEE Transactions on Industry Applications，2014，50（3）：2258 - 2268.

［68］ Kotra S，Mishra M K. A supervisory power management system for a hybrid microgrid with HESS［J］. IEEE Transactions on Industrial Electronics，2017，64（5）：3640 - 3649.

［69］ Tani A，Camara M B，Dakyo B. Energy management in the decentralized generation systems based on renewable energy ultracapacitors and battery to compensate the wind/load power fluctuations［J］. IEEE Transactions on Industry Applications，2015，51（2）：1817 - 1827.

［70］ Tummuru N R，Mishra M K，Srinivas S. Dynamic energy management of renewable grid integrated hybrid energy storage system［J］. IEEE Transactions on Industrial Electronics，2015，62（12）：7728 - 7737.

［71］ 王振浩，刘宇男，张明江，等．基于双向 DC/AC 变换器的混合储能系统动态控制策略［J］．电力系统保护与控制，2017，45（3）：26 - 32.

［72］ Sharma R K，Mishra S. Dynamic power management and control of a PV PEM fuel - cell - based standalone AC/DC microgrid using hybrid energy storage［J］. IEEE Transactions on Industry Applications，2018，54（1）：526 - 538.

［73］ 施啸寒，王少荣．蓄电池 - 超导磁体储能系统平抑间歇性电源出力波动的研究［J］．电力自动化设备，2013，33（8）：53 - 58.

［74］ Dusmez S，Khaligh A. A supervisory power - splitting approach for a new ultracapacitor - battery vehicle deploying two propulsion machines［J］. IEEE Transactions on Industrial Informatics，2014，10（3）：1960 - 1971.

［75］ 韩晓娟，陈跃燕，张浩，等．基于小波包分解的混合储能技术在平抑风电场功率波动中的应用［J］．中国电机工程学报，2013，33（19）：8 - 13.

［76］ 吴杰，丁明．采用自适应小波包分解的混合储能平抑风电波动控制策略［J］．电力系统自动化，2017，41（3）：7 - 12.

［77］ 韩晓娟，田春光，程成，等．基于经验模态分解的混合储能系统功率分配方法［J］．太阳能学报，2014，35（10）：1889 - 1896.

［78］ 付菊霞，陈洁，滕扬新，等．基于集合经验模态分解的风电混合储能系统能量管理协调控制策略［J］. 电工技术学报，2019，34（10）：2038 - 2046.

［79］ Masoud K G，IravanI M R. A method for synchronization of power electronic converters in polluted and variable - frequency environments［J］. IEEE Transactions on Power Systems，2004，19（3）：1263 - 1270.

［80］ 田桂珍，王生铁，林百娟．风力发电系统中基于双同步参考坐标变换的锁相环设计与实现［J］．太阳能学报，2011，32（2）：204 - 209.

［81］ Rodriguze P，Pou J，Bergas J. Decoupled double synchronous reference frame PLL for power converters control［J］. IEEE Transactions on Power Electronics，2000，22（2）：584 - 592.

［82］ 罗劲松，王金梅，张晓娥．基于 dq 锁相环的改进型光伏电站并网点电压跌落检测方法研究［J］．电测与仪表，2014，51（5）：51 - 55.

［83］ 党存禄，赵小刚．电网电压不平衡且严重畸变时的软件锁相技术［J］．自动化与仪器仪表，2014，

151 (7): 151 - 154.

[84] Pedro R, Alvaro L, Ignacio C. Multiresonant frequency - locked loop for grid synchronization of power converters under distorted grid conditions [J]. IEEE Transactions on industrial electronics, 2011, 127 - 136.

[85] Mojiri M, Bakhshai A R. An adaptive notch filter for frequency estimation of a periodic signal [J]. IEEE Transactions on Automatic control, 2004, 49 (2): 314 - 319.

[86] 王宝成，李国成，郭小强．分布式发电系统电网同步锁相环技术 [J]．中国电机工程学报，2012, 33 (1): 50 - 56.

[87] 李葛亮，谢华，赵新，沈沉．基于降阶谐振调节器的正负序分量检测方法 [J]．电力系统保护与控制，2013, 41 (14): 41 - 47.

[88] 赵新，金新民，周飞．采用降阶谐振调节器的并网逆变器锁频环技术 [J]．中国电机工程学报，2013, 33 (15): 38 - 44.

[89] Nguyen C L, Lee H H. Optimization of wind power dispatch to minimize energy storage system capacity [J]. Journal of electrical engineering & technology, 2014, 9 (3): 1080 - 1088.

[90] Esmaili A, Novakovic B, Nasiri A, et al. A hybrid system of li - ion capacitors and flow battery for dynamic wind energy support [J]. IEEE transactions on industry applications, 2013, 49 (4): 1649 - 1657.

[91] 刘广忱，王生铁，刘彦超．采用直流电动机和调速系统的风力机模拟器设计 [J]．高电压技术，2010.36 (3): 805 - 809.